PACKAGE创新维度

可持续设计的路径与方法

序言
PREFACE

进入21世纪，以信息及数字多媒体技术、通信及网络技术为支撑的视觉传达设计构成人类崭新的视觉方式中最前沿的领域。以高科技性、高感动性及跨学科性为基本特征的新媒介已经成为链接传统平面设计、最新的信息技术应用设计及时尚娱乐方式设计三大分支的敏感接点，一个新视觉体验、视觉文化的时代正在到来。

视觉传达设计学科本身是一个开放的系统。在与其他学科的互动、交叉和综合中不断壮大和变革自己。新的科学技术、新的发明创造、新的材料、新的艺术形式、新的生活方式、新的社会观念和需求等，都会对视觉传达设计产生影响，导致其发生变革。

新媒介为信息传播提供了迄今为止最为广阔的空间，也为视觉传达设计领域带来了全面的更新和突破。今天的新媒介领域已发展到不仅是多重链接的科技装备和手段，而且达到有机组合的文化战略与策略的全新高度。从微观上讲，新媒介的“新”永远是个相对的概念，每个时代都会出现相对新的事物；从宏观上看，新媒介所引发的数字化革命却是根本性的。计算机与为之服务的外设和网络一起，成为向人们提供与他人交互的新介质。今天，“计算”被赋予激动人心的新含义，那就是，它有能力处理和传播各种媒介形式的各种信息并且延伸到更广大的受众那里，这种方式在互联网之前的时代是不可思议的。

本套丛书中的新媒介主要是指伴随着卫星通信、数字化、多媒体和计算机网络等技术的发展，而出现的新型传播媒介，其中互联网络集中体现了新媒介的典型特征。因此，在本研究项目中，将以新媒介的代表——互联网研究为主。

本套丛书的核心思想是，视觉传达设计的整合推进必须基于与媒介链接的基础之上，二者构成相辅相成的紧密联系。新媒介作为21世纪已经和正在产生深远影响的主流媒体，极大地丰富和拓展了人类社会发展中已形成的传播模式，比如多元性、交互性、实时性、信息传播的非线性、受众的主动性等等。新媒介时代的到来，为视觉传达设计的整合带来巨大的改变，视觉传达设计的数字化管理、发布、维护、设计者本身的数字化能力，包括数字化设计、数字化管理、数字化传播、数字化整合、数字化教育，将极大地有别于传统运作模式，其影响是空前而深远的！

鲁迅美术学院 编者

第一章Chapter one /001

包装诠释——包装设计的发展历程

一、包装的故事 002

二、一路走来的包装 004

- 中国包装设计的发展 004
- 世界各国包装设计的发展 007

三、包装设计进行时 010

- 绿色环保的包装设计 010
- 突出商品个性化的包装设计 012
- 人性化的包装设计 015
- 有情感融入的包装设计 024
- 便于运输销售的包装设计 029
- “包”联天下文化 031

第二章Chapter two /038

以人为本——包装对消费者的适用性

一、包装的责任 040

- 保护商品 041
- 便利性 041
- 展示商品功能 041
- 吸引顾客 041
- 作为商品容器 041

二、亲密爱人——包装和消费者 042

三、“包”罗万象，“装”点生活 044

第三章Chapter three /046

形神合一——创新包装的构成要素

一、独特的创意 048

二、信息的传达 065

- 商品名称的“艺术化” 065
- 基本文字信息“一个都不能少” 077
- 说明性插图来帮忙 079

三、个性的外观 080

- 盒体造型——以纸盒为例 080
- 容器造型 089

四、直观的表达 096

- 图形会“说话” 097
- “绘声绘色”的装饰图案 102
- 轻松的插画风格 110
- 摄影的表达最直接 121

五、丰富的情感 127

- 触动消费者的“心弦” 128
- 新奇的“陌生感”——让心灵去坐过山车
- “开口”的艺术——里应外合，夺人眼球
- 趣味性的表达——找到情感的共鸣点 144

CONTENTS

第四章Chapter four /148

体裁衣——创新包装中新材料的介入

.“亲切熟悉”的包装材料 150

“纸”因有你 150

百变的塑料 159

玻璃的“保护”与“被保护” 162

金属很“有型” 166

木头很“给力” 169

陶瓷“魅力”大 176

说“布”完的故事 179

.日新月异的新材料 182

了解新材料 182

来看新材料的“独角戏” 188

新材料“嫁给了”新技术 189

消费者眼中的材料“新鲜感” 193

第五章Chapter five /194

品位不同——创新包装设计中调性的把握

一.奢华的气质 198

二.优雅的格调 209

三.无邪的童趣 218

四.质朴中见纯粹 228

五.炫酷的个性 236

第六章Chapter six /240

形象定位——创新包装设计与品牌形象的协调统一

一.包装中标志和辅助图形的“表演” 242

二.包装设计“追逐”品牌的市场定位 256

三.包装系列化形象的展现 264

- 卖场的展示与陈列 264
- 精装与简装 269
- 手提袋及附加配饰 272

第七章Chapter seven /274

产品实现——创新包装设计中的因素

一.降低成本 276

二.海陆空运输 280

三.吸引眼球 281

四.产品矩阵——摆放智慧 287

五.变形记——多层次的演绎 292

六.包装的再利用 308

- 材料再回收 308
- 包装盒的再利用 310

第一章 Chapter one

包装诠释
——包装设计的发展历程

- 包装的故事
- 一路走来的包装
- 包装设计进行时

在人类漫长的文明进化历程中，自原始形态单纯地追求美感到形式与功能的完美结合，再到商业的出现，包装的促销功能得以发挥优势，最后形成了包装产业化。有人说包装是一种不用推销员开口说话，只用自己美轮美奂的外表默默地吸引消费者的商品。

第一章：包装诠释——包装设计的发展历程

关键词　包装历史　包装进行时　全球包装特点

一、包装的故事

什么是包装呢？我们先来看看世界各国对包装的解释。

在美国，人们认为包装是一种产品的运输与销售的前提准备。

在英国，人们认为包装是一种货物在运输和销售中所做的艺术、科学和技术上的准备。

在加拿大，人们认为包装是一种将产品由供应者运送到顾客或消费者手中并且能保持产品完好状态的工具。

在中国，人们认为包装是一种流通过程中方便运输且能保护产品，促进销售的辅助物的总称。

由此可见，包装是为了保证物品完好这个基本功能而衍生出的设计形式，这在世界上已经达成了共识。

我们的包装故事还要从原始社会讲起，由于当时的生产力低下，人类为了填饱肚子终日奔波，有时还需要受冻挨饿，根本无暇顾及包装。随着人类社会的发展，人们开始用植物藤条、石器来贮藏和转移食物 。在保证物质生活的基础上，人们开始意识到其实我们自己也需要包装。原始人类通过自己身上的包装划分社会阶层 ，这就是最早体现包装效果的人类行为。

在古代埃及，人们认为人在去世之后，灵魂会从身体中游离出来，在宇宙中徘徊，如果它回来时发现身体已然不在了，那么它就会永远地离开，所以，人们想办法对遗体进行保存。他们用亚麻布把遗体缠起来，再用树脂涂抹一遍防止空气氧化，最后才会放入棺中。这可能是人类最早运用“包装”的手段来保持使人体长久存放的行为。

经历了一个相当长的时期，世界各地相继出现了陶器、玻璃容器、青铜器等。大约公元前2500年前，古埃及出现玻璃制品，成为最早的化妆品容器。大约公元前1500年前，希腊出现铁器，铁艺流行开来。在掌握对称、统一、均衡等形式美的基础上，采用镂空、堆雕、染色等装饰工艺，各地区创造出极具民族风格特色的包装容器。尤其是中国的造纸术和印刷术的发明，令包装有了突破性的发展，所以当时中国的包装技术远远超越国外。直到1495年，英国也出现了造纸技术，瓷器则更晚一些。每一时期出现的包装材料及装饰，都在展示着这一时期的特定故事。在中国，鼎的出现是君权至上的象征。在古印度，陶器上几何纹和花草纹的装饰，讲述着独特韵味。古巴比伦的楔形文字成为它早期包装的装饰图案。希腊克里特岛神话人物在容器上诉说着古老的传说。真可谓百花齐放。

植物藤条

石器

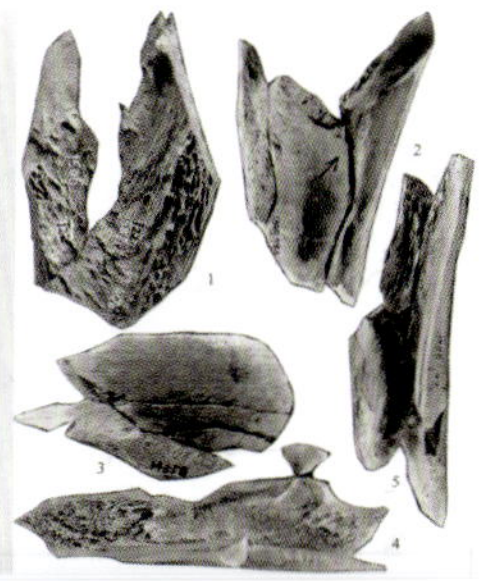

骨器

陶器

鼎

古印度陶器

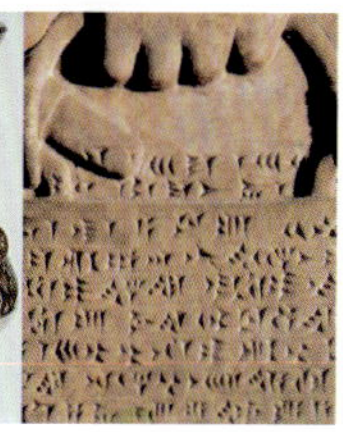

文字装饰图案

造纸术

包装是能够创造财富的。例如，中国是瓷器生产的始祖，日本的瓷器生产技术是从中国引进的，中国生产的瓷杯质量不比日本水平低，甚至略胜一筹，但在欧美国家只卖几分钱，而日本的瓷杯价格却在十几块甚至几十块，价格相差甚远。这样一来，日本在我国大量进口瓷杯，经过他们包装，远销欧美，获得丰厚的利润。

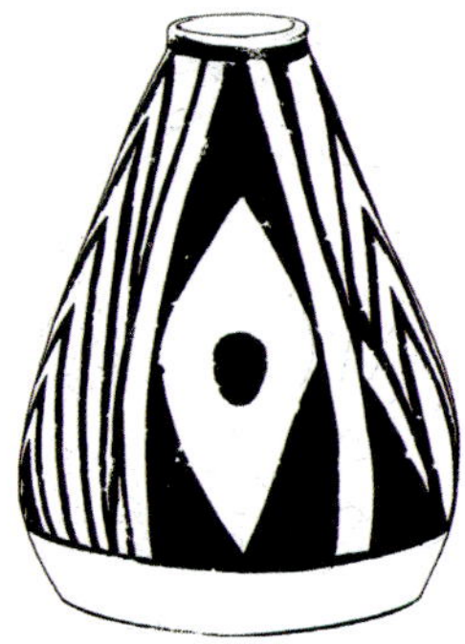

传统纹样

二、一路走来的包装

中国包装设计的发展

在旧石器时代，劳动人民通过自己的双手和简单的工具来创造奇迹，例如木、藤、叶、草、竹、茎等天然材料。早期包装的特点是利用各种天然的材料，这是当时的生产力发展低下所致，因为天然材料中有许多物质可以反复利用，因此无意之中也保护了大自然的生态环境。

经历了原始社会，彩陶等可以说是最早的包装形式。它们变成这一时期贮藏食物的重要工具。这些容器在尊重对称统一形式美感的前提下，利用几何图案、动物人物、图腾文字、神话传说、寓言故事作为装饰内容，形成了那一时期中国的传统纹样。

奴隶社会出现了筐、篮、箩、藤条、箱等编织容器，缝制的各种袋、兜、包，以及木箱、木盒、木桶等，相对于原始社会时用木、茎、藤条等制作的器具更加具有形式美感。在奴隶社会，有专门生产包装容器和生产材料、器具的作坊，应该被视为我国包装工业的雏形。夏商周时期出现了青铜器，包括炊器、食器、酒器、水器等。

青铜器

青铜器

封建社会生产力提高了，陶瓷、青铜、编织、木质、油漆等包装容器的生产，出现了从未有过的高速发展。同时，包装生产管理组织结构进一步健全，并规范了包装行业的发展。战国时期印刷术和东汉时期造纸术的发明，为包装业做出了巨大的贡献。唐宋时期是中国古代包装发展的鼎盛时期，特别是开通与国外的通商贸易，使各种手工业生产迅速发展。随着商业迅速发展，各种小件物品需储存和远运，进行更大范围的交换，商品的包装开始考虑在运输过程中的安全性。安徽、山西等都是当时的商业中心。这一时期包装技术所需的条件要求有遮光、透明、透气、密封、防潮、防腐、防震、便于开启等。在手工业时代，中外都创造了许多简单的储藏物品的包装样式，如中国传统酒包装，大红的标贴与各色的酒坛相配，构成了中国关于酒包装色彩方面的特定传统。

广生行化妆品

阴士丹林

在封建社会，包装已成为了一种广告促销手段，虽然当时生产力水平有限，但还是有自己独特的风格。例如中药的包装，传统牛皮纸包裹，以麻绳打结的方式作为手拎袋，一般上面都附有一张薄纸，起到广告或美观的作用。在现代包装设计中，很多商家都采用这种包装，目的就在于强调品牌的百年历史。中国封建社会的包装业，较奴隶社会有极大发展。

中药包装

美丽牌香烟

在西方现代主义思想的不断冲击下，传统的审美观念与视觉接受方式相应地发生了转换与变革。设计师们根据卷烟的商品属性和个性特点进行创意构思，力求创作出既符合卷烟品牌名称又具有自身风格的包装设计，其中的插画具有强烈的时代特色。例如：美丽牌香烟，它在旧上海非常出名，不仅因为它的香烟，更因为它的包装和广告，仕女图与明星照交相辉映，给人留下深刻的印象。由于当时信息比较封闭，人们思想相对守旧，对包装市场促销功能认识不足，设计理念相当落后。包装设计被看成一种“装潢”，在设计时大量运用装饰图案，单纯追求装饰效果，画得非常漂亮，但是看不出装的什么东西，设计包装成了画包装。例如：广生行化妆品包装、阴士丹林品牌包装。

随着1949年中华人民共和国的成立，工艺美术也渗透出浓浓的政治色彩，包装设计也受到了很大的影响。如“解放”“祖国”“民主”“和平”“幸福”“天安门”“新时代”等，都是名声响亮的新牌号。从20世纪50年代的萌芽，到80年代的模仿，再到今天一股中国风席卷了全世界，我们的包装设计发生了翻天覆地的变化。由于以前国内的物质相对匮乏，商品供给不足，因此，那时的包装设计只重视保护和说明功能。当国门初开，国外大量的信息蜂拥而至，国内的消费者变得洋气了，商品也随之洋气起来。当我们在市场上看到设计创意新颖、美观的商品包装时，不由得为国外设计新观念、新思想给中国包装设计带来的变化而欣喜，欣喜之余又让人感到遗憾，有着悠久文明史和文化的中国，在包装设计中却没能体现独特的民族文化精神，形成自我的民族风格。

当前，中国元素大量融入设计之中，形成了一股中国风，这类包装设计将悠久的文化底蕴阐述得淋漓尽致。

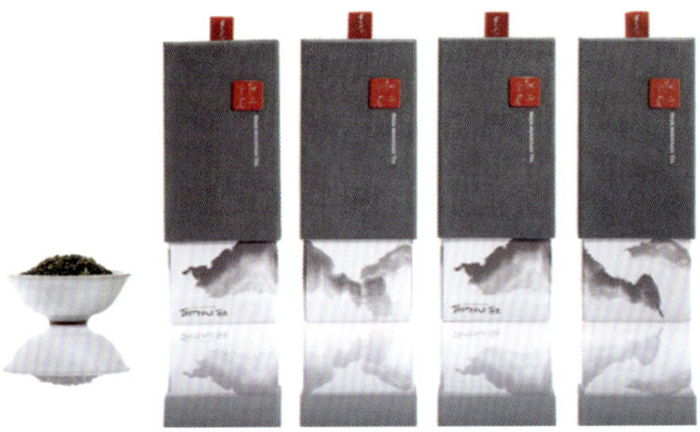

世界各国包装设计的发展

从原始社会到中世纪时期，世界包装设计经历了一个漫长的时代。古埃及、古希腊、古罗马是世界包装设计发源较早的地区。

大约公元前2500年前后，古埃及出现不透明玻璃制品，成为了最早的化妆品容器。容器造型各式各样，并且出现高脚杯和花瓶。在公元前700年前后，出现透明玻璃器皿。

大约公元前1500年前，在高加索南部出现了铁器，但是当时的技艺不及中国水平。大约公元前1200年前，懂得铸造技术。

国外的包装发展得相当缓慢，至西方产业革命后，包装发展才开始进入快速发展时期。

直到1400年左右，欧洲才开始出现了活版印刷。从16世纪开始，玻璃包装开始出现在英国、法国、捷克、俄国等许多国家。

始于18世纪60年代的英国工业革命，推动了近代包装的发展 。人造包装材料与机制包装产品的出现与进一步发展，为现代包装的发展奠定了坚实的基础。造纸、纸浆及1855年英国瓦楞纸的发明，活版、平版及滚筒凸版印刷的发明，使得商品的包装开始通过商标来展示自己的视觉形象——意味着包装开始传达出有关产品信息，促进销售的功能开始逐渐变得重要起来。

玻璃容器

马口铁罐头

古陶器

古埃及高脚杯

瓶塞

最早在18世纪中叶，高档货物的包装已经成型，但其包装的功能基本上还是服务于运输。当时易损商品的零售包装已经零星出现，但包装水平尚处于幼稚阶段。当运输包装的问题解决以后，一个名叫约翰霍尼曼的厂商，把混合茶在出厂时就包装好，并在包装上印上他的名字和厂址，还标明“纯混合茶，保量”的字样。这是厂家包装问世的开端。厂家包装的出现可以说是商业中的一场革命，它奏响了现代商业的序曲。

1819年，美国建成世界上第一家马口铁板（镀锡薄钢板）制罐厂，罐头开始得到广泛应用。马口铁罐头开始运用于饼干、鱼、水果、炼乳等商品包装里，并逐渐研制出了密封罐。19世纪初，玻璃瓶由开始装香水、葡萄酒等奢侈品逐渐发展装威士忌、橙汁，并且带动了瓶塞的发展。19世纪40年代开始，铝制品包装逐渐被用于口香糖、易拉罐等，软管包装（铅质金属颜料软膏、牙膏软管等）发展起来。纸袋以及纸盒于19世纪50年代得到发展。1880年塑料瓶的研制取得成功并申请了专利，但由于成本高而暂时未能得到普及，直到1892年冲压密封皇冠盖的发明。

到了19世纪后半叶，厂家包装得到渐渐普及。设计精良的包装已经整齐地排列在商店的货架上，这样，精美的包装就成为了商品自身的无声推销员。

19世纪末20世纪初，各种印刷术的发明与完善推动了包装设计的发展。在技术领域，包装机械问世，金属软管被广泛使用，真空铁皮和铝制容器的开发取得突破，出现了开启包装的新方法——拉锁，新型材料铝箔、玻璃纸和蜡纸盒相继问世。20世纪前半叶，英国出现了商标法来保障商品的可信性，厂家也增强了自身的品牌意识，包装被贴上了商标，并附上了质量保证和产品说明。

20世纪20年代，新型包装材料如聚乙烯薄膜开始大量使用，为食品包装开辟了广阔的市场前景，并且为防锈、防毒、食品保鲜及真空充气等防护包装提供了重要的材料。20世纪三四十年代，欧洲经历了世界大战。由于二战的影响，产品的过度包装被摈弃，包装的重点落在了迅速识别这一特征上，所以包装的信息被简化为最基本的要素，包装又回到了其最根本的实用功能。

皇冠盖

拉锁

水果盐包装 / 英国 /1880 年

药品包装 / 英国 /19 世纪 90 年代中期

调味料包装 / 法国 /19 世纪 90 年代

糕点礼品盒 / 日本 /1909 年

现代主义设计风格在二战后转变为国际主义设计风格。欧洲和美国的企业中也有了专门的设计团队，设计成为了社会生产活动中一个不可分割的重要环节。20世纪40年代，喷雾罐出现，泡沫塑料的出现为防震包装提供了优良的缓冲材料。1950年，环氧树脂为包装提供了新型的黏合剂和涂料，为复合包装的发展创造了更为有利的条件，并且，其他塑料技术也得到大发展。在20世纪80年代，美国人领导了一次包装设计的文艺复兴。现代设计的变革比任何一个时代都来得剧烈，新颖的设计风格层出不穷，但基本都是对以往设计的调整、补充、改良和发展。

人类步入21世纪，高科技时代随之到来，此时，人们普遍地认识到所赖以存在的环境对自身发展的重要性。在环保潮流的推动下，崇尚自然、原始、健康的观念得到更多人认可。包装设计在这一理念的支配下，向“轻量化”“小体积”的方向发展。

三、包装设计进行时

包装的使命是促进商品销售，在飞速发展的21世纪，为了更好地销售并迎合当今的发展潮流，绿色包装、另类包装、人性化包装、情感融入包装、安全包装都是包装设计的进行时。

绿色环保的包装设计

名称：绿色包装

又名：环保包装

解析：在资源节约的基础上，易于回收再利用，在自动分解过程中能回归自然。

当前状态：得到全世界各国认可，绿色环保，势在必行。

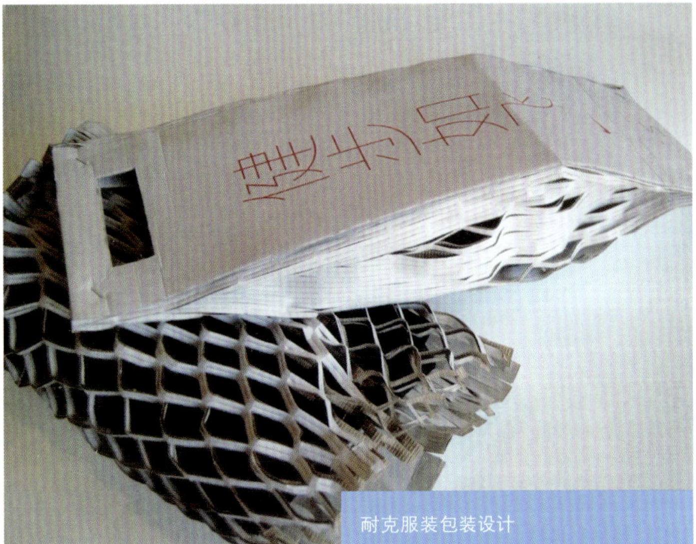

耐克服装包装设计

这是一款由环保纸为原材料的包装设计，摈弃传统手提袋设计，融入环保理念，结合可回收材料，设计出“健步如飞”的包装。

茶叶包装设计

这是一款具有环保意识的包装设计，采用成本低廉的薄塑料，加工成叶子状，同时传达出该款茶叶纯天然、无化学、无添加物。跳跃的绿色新鲜、自然，视觉冲击力强。

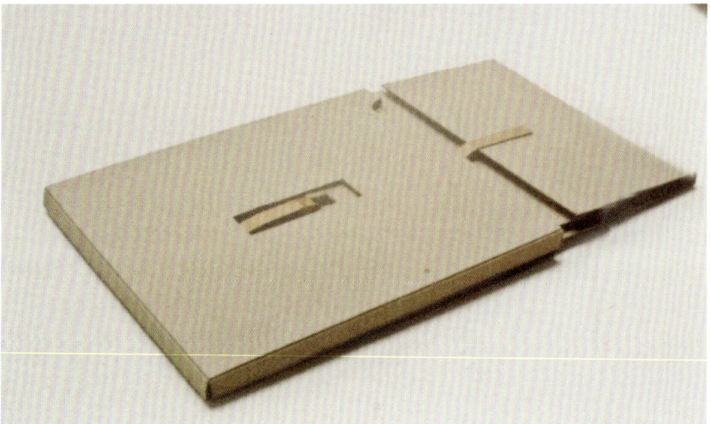

环保CD包装设计

环保理念、节约成本是它设计的理念，设计师采用环保可回收材料，没有过多的装饰，目的是让消费者关注音乐的质量，而不是炫彩的装饰。有人可能会想，这样一款简单到极致的设计会不会败于五颜六色的包装呢？那你可错了，在眼花缭乱中，突然有那么一丝平静是非常能够吸引消费者注意力的。

突出商品个性化的包装设计

名称：个性化包装

又名：另类包装

解析：商品包装符合商品个性，打造视觉冲击力极强的个性包装。

当前状态：年轻群体接受。

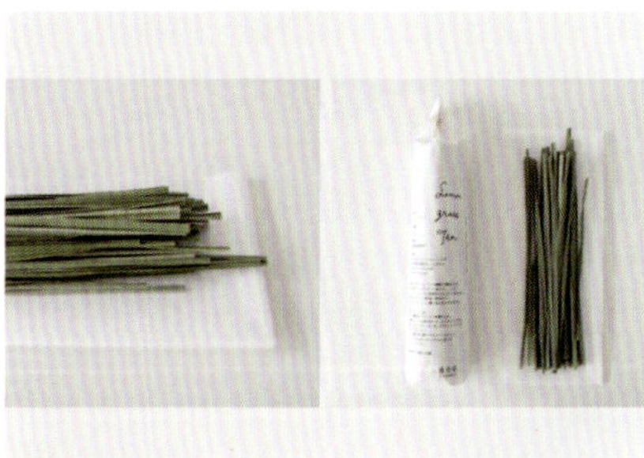

茶叶包装设计

这是一款带有清香气息的茶叶包装，非常符合茶叶的形象定位。将茶叶的品牌名称、产地、特点有序地安排在纸包装上，既介绍了茶叶的信息，又节省成本，采用精致的木盒为外包装，散发着古香古色的气息。

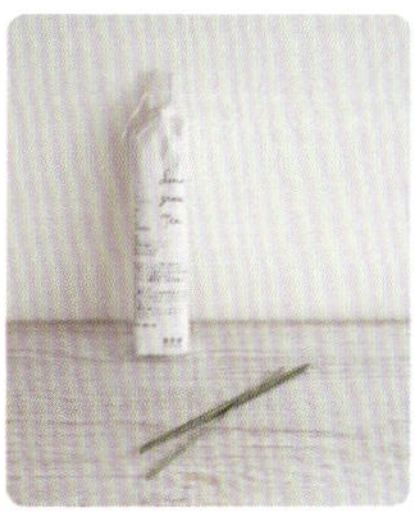

AMPOULES BLANCHES 包装设计

像大眼睛一样望着我们的节能灯非常可爱，突出了节能灯的商品形象，个性十足，像是在向我们声明：请节约用电。采用再生纸包装，降低成本，与节能灯的环保理念一致。

化妆品包装设计

Japanese cherry blossom 是一款日本品牌的化妆品。瓶子顶部采用花朵的造型，瓶身采用棱柱造型，整体以酒红色为主，强调该款的产品定位在高品位女性消费群体，外盒采用白色展现女性犹如娇艳的玫瑰般独立、自信、魅惑的特点。瓶身上品牌的名字，精致、高雅。

甜点包装设计

商品包装的材料种类应尽可能少。一般包装设计师为了寻求商品的美观，为吸引越来越多的消费者，提高商品的档次，尽可能使用不同种类的材料，导致包装会有很多零部件。真正成功且吸引人的包装设计是包含有许多其他的包装设计所无法比拟的独特内涵在里面的，例如包装的人性化设计、简易但又不丧失完整的功能性和体现商品的独特性及环保性等。如果能够使用单一的材料就能实现这些，那么这将更有助于商品的回收利用。包装设计师有责任也有义务为消费者提供人性化的商品包装。

人性化的包装设计

名称：人性化包装

又名：便利包装

解析：结合人体工程学，符合人的生理和身体尺度、人的感觉器官的舒适度，还包括人的精神需求。

当前状态：满足人类高速、高质量的生活，方便日常生活。

T恤包装设计

Butter黄油包装设计

带木勺的黄油：Butter Better!黄油这玩意在西餐中的作用举足轻重 。设计师 Yeong keun Jeong 发明了一款便携式包装，适用于旅行或者野餐，最大的亮点是盒盖直接被一把木勺所取代 ， 简洁方便。

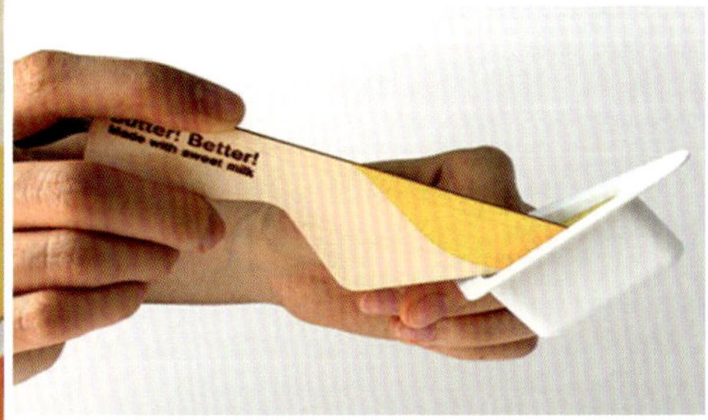

茶叶包装设计

著名包装设计师Yuree S. Lim和Jieun Yang的奇思妙想，为每个单独的茶包穿上一件精致的纸质“外套”，通过特殊的工艺在表面做出一些凸起的花纹。当凸起的花纹将能吸水打开，并最终在茶水的作用下形成漂亮的颜色和独特的花纹。茶包的发明确实为我们冲泡喝茶带来了便捷，但当你周围没有垃圾桶或者合适的丢弃场所时，不免又有些不便。

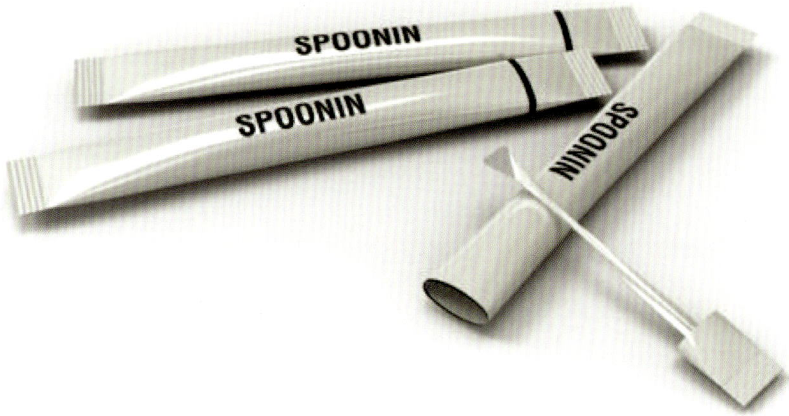

速溶咖啡包装

设计师 Maria Rho 、Juhyeon Lee 、Jinhyuk Rho 最新推出的“Spoonin”速溶咖啡可以说别出心裁，包装袋的一头密缝了一只一次性的搅拌棒，贴心、实用。如此一来，你只需沿着黑色的指示线轻轻剪开包装袋的一端，便可以利用自带的搅拌棒来冲泡咖啡啦，真的是简单而实用的创意设计呢！

日本速食品包装设计

盒子内就有果酱，简化了消费者的食用过程，为需要节省时间的消费者提供了方便。

Jue Spoons of Surge 包装设计

Stav Axenfeld 设计的 Jue Spoons of Surger，根据你的饮品需要放几块糖而设计，采用传统的罗马数字作为方糖的造型基础，我们可以根据自己的口味来适当放糖。

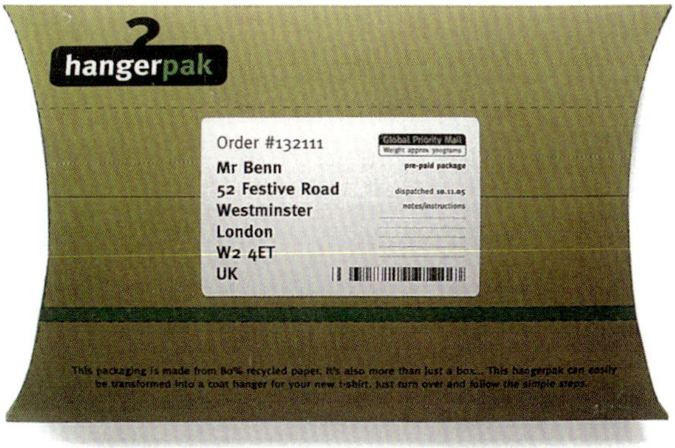

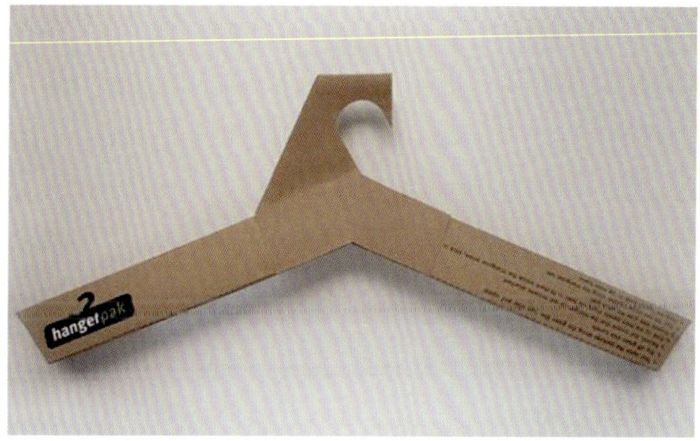

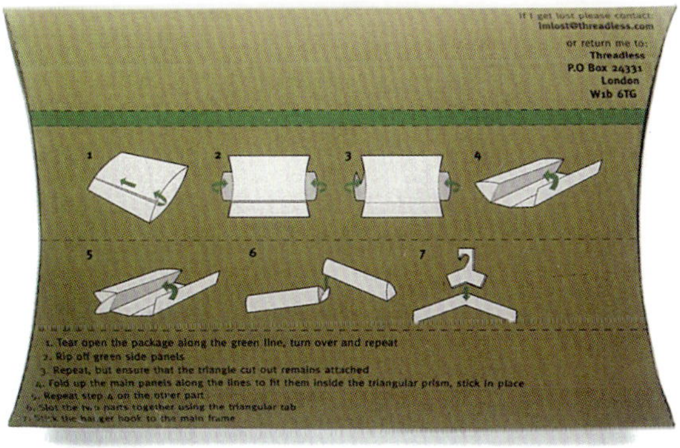

T恤包装设计

打开纸盒，我们不仅能看见漂亮的衣服，同时经拆卸重新组合，形成一款简易衣架，增添趣味性，非常人性化。

狗粮包装设计

该包装在拉头上方有一个易于开启的条带，能一下子就打开袋子，无须使用剪刀或刀子。在拉头下方使用了易撕膜技术。这种包装不仅容易开启和封合，还可以用作密封层延长产品的货架寿命，为消费者提供防窃启密封的安全性能。换句话说，这类包装包含了通过便利性实现消费者良好意愿所需的全部要素。便利包装，绿色环保。消费者可以选择购买较大的包装保证大部分食品的新鲜度，这样一来，购买的包装会减少，使用的包装量也会减少。

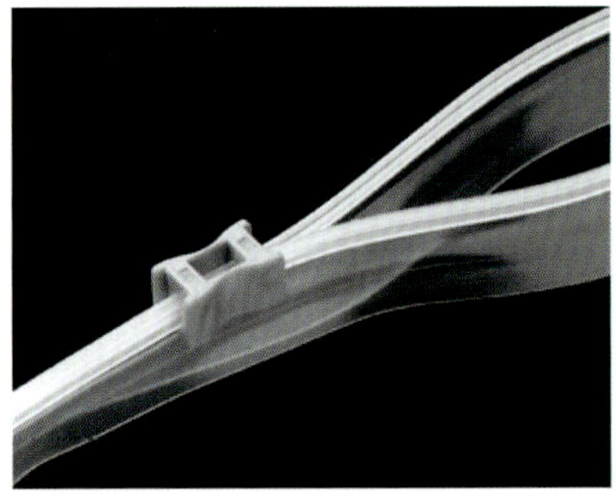

航空食品包装设计

航空包装首先要考虑的是功能的便利性，由于航空的限制，一切食品包装的设计要人性化。该款航空食品包装考虑到了这些要素，并且采用鲜艳的颜色，给乘客轻松的好心情。

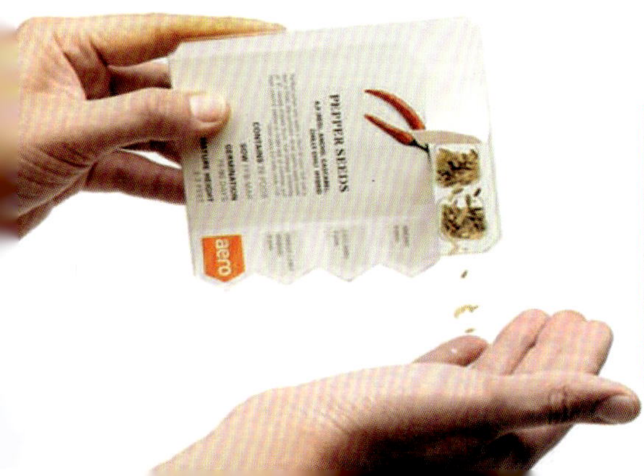

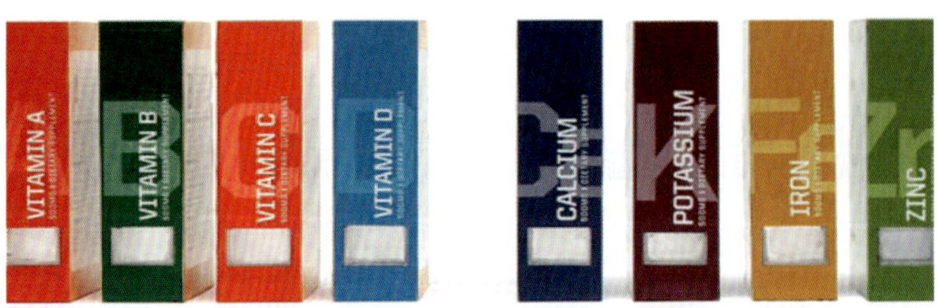

可加热鸡蛋包装设计

这款可加热鸡蛋包装绝非等闲之辈，它绝对有相当高水平的技术含量！当把包装内的抽纸抽去后，包装壳内的化学试剂相遇后便会产生热量，而这个温度恰好能蒸熟鸡蛋。能够随时随地吃上热乎乎的鸡蛋哦！

有情感融入的包装设计

名称：情感化包装

又名：温情包装

解析：是人们在购买和使用过程中建立起来的心理感受。

特点：由于人对价值的主观反应不同，情感化包装难以有衡量标准。

当前状态：物质生活水平在不断提高，精神要求不断加强，情感化已成为主流。

礼盒包装设计

采用不同材质的材料，进行特殊造型设计，融入设计师丰富情感，创造出精致、高雅的礼盒。每一款花样独特，每一款都是那么可爱。

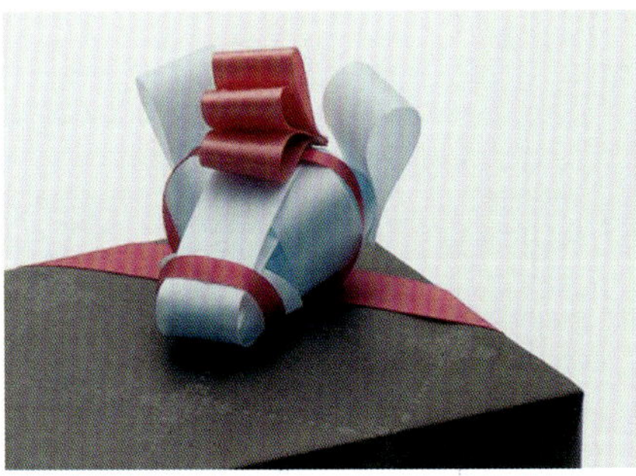

蜂蜜包装设计

木质盒子，上面配有西瓜红色的盖了，盖子上镂空花朵图案，精致典雅，融入设计师丰富情感，将蜂蜜做成了满怀情爱的精品。

橙汁包装设计

将每一盒橙汁做成橘子瓣的形状，再将它们组合成一个大橘子，便于携带。

C+S牛奶包装设计

超级可爱的牛奶包装，红色的“小帽子”上有品牌的名称，瓶形独特，简洁的木柄配上麻绳形成便于运输的装置。拎上这样一款别致的小牛奶，回头率一定很高。

便于运输销售的包装设计

名称：运输销售包装

又名：安全包装

解析：其一是保护商品在运输过程中不被损坏和不受损失，其二美化和宣传商品。

当前状态：在运输过程中，产品的保护，促使包装有了一个新职业——保镖！

饮料包装设计

透明的玻璃瓶子，透露出各种口味饮料的小秘密，再加上“外套”，俏皮可爱，增加产品的销售量。

红酒包装设计

一般红酒包装都会设计得比较庄重大气，而这款包装设计整体风格非常轻松，尤其是白色的便携盒子，像是一个小房子，给红酒无限的“关爱”与“保护”。

茶叶包装设计

这款中国茶叶包装，将中国书法恰如其分地融入到包装设计中，将草书的洒脱形象与茶叶的清新自然结合。

“包”联天下文化

中国元素在包装设计中的运用

包装设计不但有着广泛的商业价值，同时也承载着深厚的文化。它一方面表达了商品的内涵，另一方面反映了消费者的真实情感。传统文化是通过文明演化而形成的一种具有民族特色的文化。一个国家与一个民族文化的发展，只有勇于吸收，敢于继承，善于交融，才能立于不败之地。在西方设计界曾经流传着一个观点：“没有中国元素，就没有贵气。”的确，中国元素透露着优雅大气，中国元素所包含的内容也数不胜数，悠悠五千年的文化无法用一两句话来说清楚。在现代包装设计中，融入了浓浓的“中国味”，这种“中国味”已经在我们设计的骨髓里了。我们所设计的东西本身就带有浓郁的民族精神，除非是照搬照抄。

中国元素中最具代表性的应首推书法和绘画。中国的书法与绘画是产生于一种特殊而古老的文明环境，表现了华夏民族的聪慧与创造力，并在某种意义上标志着华夏文明在古典文化艺术领域的最高水准。水墨画就其本身而言有两个基本特征：一是大多画面都具有意境深远的感觉；二是在绘画过程中墨水的流动性会生成淋漓酣畅、自然洒脱的意境情趣。而在包装设计中，越来越多的设计师将这种意境融入现代设计之中，更好地进行产品定位，突出产品特点，使人产生心灵感应，感情得到升华，书法和绘画可以说是我们民族的一处独特景观和宝贵财富。

茶叶包装设计

这是一款带有民族特色的茶叶包装，将本民族的图腾图案作为装饰主体，突出民族特色。设计者融合了湘西文化风俗，设计出具有浓郁民族风情的作品。

中国传统图案起源于旧石器时代，细究其可分为原始社会图案、古典图案、民间和民俗图案、少数民族图案。中国传统纹样追求意象性的特点，它内涵丰富，流传久远，表现方法多种多样。可以将它与现代包装设计相结合，互相融为一体，对传统纹样进行变异、进化和创新，设计出有时代感的作品。

民间文化是现代设计的灵感源泉。中国古老的生活方式积淀下来的种种设计观念很值得现代设计师去研究，特别是如何与当下的设计结合，如何体现本土特色和民族的设计语汇等。中国民间艺术是流传于民间，为劳动人民生活服务的，为劳动人民所喜闻乐见的艺术风格，反映在包装设计中有丰富的内涵。传统图形渗透了中国古代传统文化的精髓。中国传统民间艺术以其特有的魅力和丰富的文化影响着现代包装设计。应深入到民间艺术的精髓，这样才能为消费者开拓新颖的设计，提高包装商品的附加值，体现民族文化特色。中国传统民间艺术形成的宝贵文化和独特风格对当今包装设计有着重大的影响。

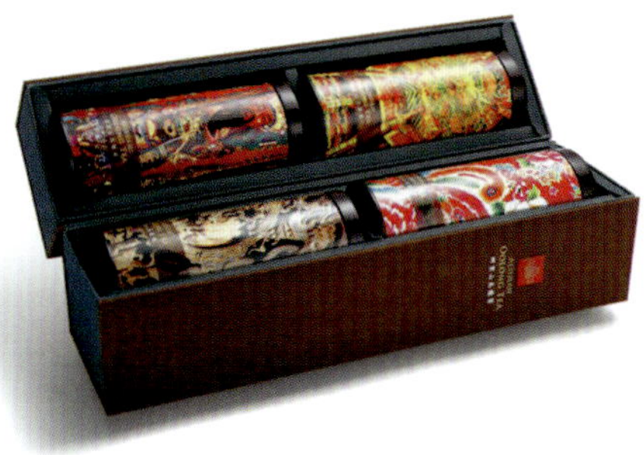

亚洲各国的独特包装风格

亚洲各国的历史背景和民族文化的不同，体现在包装上别有一番趣味。

日本的包装设计具有明显的民族特征。它的设计风格既不同于西方国家，又不同于其他亚洲国家，在世界包装领域中独树一帜。日本传统包装历史悠久，具有鲜明的民族特色。它的包装设计风格独特，分传统形式和现代形式两种，它以简洁的造型、柔美和谐的色彩、独具日本民族特色的文字、简朴自然的材料和扑面而来的传统文化语汇体现着日本的民族文化特征。日本以特有的视觉角度，进行东方传统图案学的研究和演绎，体现传统民族精神。这种将传统图案学与平面构成学并举的研究方式促进了日本平面设计的发展。

就日本图案设计而言，题材以植物图案（松、菊、梅、樱）、动物图案（鹤、鱼、乌、龟）及波浪图案为主。此外，“浮世绘”也是图案设计选择之一。将书法与传统图案进行很自然的结合，因此形成了具有东方人文色彩的设计语言。当然，完善的广告营销学体系、强大的包装工业也为其包装设计的发展提供了后续保障。

同在东方大文化范围内，从日本包装设计的发展历程来看，有很多值得我们借鉴的地方。日本包装设计在应用东方笔墨韵味的同时，又富于创新，作品既有日本民族特色又不失国际的设计感觉。在传承和创新中创造出新的包装设计风格。日本的包装设计师经历了“西化”的浪潮，又受民族文化的影响，并将传统元素完美地融入其中，形成了自己独特的设计风格。

泰国包装设计。这是一家名为TureCoffee咖啡店的热狗包装袋，他们希望包装能吸引年轻顾客的注意力。来自泰国曼谷的设计工作室Subconscious给他们提交了这个设计，“特别之处在于曼谷几乎一年四季都很热”。

醒目的商品名称作为包装主体。深色与浅色两款不同口味，包装简练，视觉效果极好。在销售过程中，利用不同颜色的商品摆放成一面墙，可想而知效果是多么强大。

韩国化妆品包装

在韩国，传统文化在现代化的设计进程中是一种不可忽略的因素。韩国现代化历史进程中的传统文化因素，受西方影响，以鲜艳颜色为主，在包装设计方面也形成了独特风格。

泰国受到了佛教的很大影响，给人营造出“自然，宁静，绚丽，神秘”的独特空间氛围。受到佛教文化的影响，泰国的设计多以丰富的色彩和灵动的线条呈现，这就造就了其华丽的气质，这与时尚界的诉求不谋而合。再结合现代流行趋势，整个泰国的设计又能体现出细腻精致的表达风格。

印度也是一个受佛教影响的国家，佛教弥漫在印度的每个角落，似乎渗透着浓浓的咖喱味道。包装亦是如此。

阿拉伯在人们的印象里，通常会是无边的沙漠、奇幻的海市蜃楼，长长的驼队、清脆乐音的驼铃和身着白色长袍的领驼人。阿拉伯的艺术风格带给人的是一种心灵粗犷豪放和精神纯净至美的感受。阿拉伯的装饰花纹也广泛应用到它的包装设计之中。由于伊斯兰教正统派严禁偶像崇拜，反对具象化人物、动物，所以阿拉伯的艺术特征多体现在以几何图形为基础的抽象化曲线纹样上。

泰国餐馆筷子包装设计

追求简洁的设计风格，但标志尖尖的开口和特别的颜色就能体现出这是一款极具泰国味道的包装设计。

正面　反面

泰国纸抽包装设计

外包装造型可爱，图案有趣，节约成本，适度包装。

印度包装设计

精油包装，展现印度神秘色彩。

阿拉伯包装设计

独特外部造型与阿拉伯文字成就了这款包装，同时清新自然的嫩绿色增强了视觉效果。

欧美的包装文化与风格特征

欧美包装设计的风格，大体可以分为现代和古典两类倾向。现代风格的包装简洁大方、注重实用性，而古典感觉的包装则华丽典雅，常融入巴洛克、洛可可等风格印记。在整个包装设计领域里，欧美一直是全球包装行业的领军者，主导着全球的设计风格，但在风格类似的同时，又有着各自国家不同的民族特点，这些特点是当地人民风俗习惯的体现。以下图片主要以各国的红酒包装和护肤品包装来做对比。

美国包装设计

美国似乎更加注重商业价值，将信息以最直白简单的方式传输给消费者。

巴西包装设计

巴西狂热，似乎他们的产品在向消费者热舞，同时又多了几分神秘的色彩。

德国包装设计

德国包装设计主要以严谨作为主导方向，这与德国人严谨的生活态度有关。

波兰包装设计

波兰一带受现实主义的影响，风格趋向于简洁。

西班牙包装设计

西班牙的热情、色彩的绚丽充斥着消费者的眼球。

荷兰包装设计

荷兰包装设计堪称大胆、自由、前卫和富有新意。荷兰设计充分体现了不同风格的融合，线条流利，简洁大方，又不失高贵典雅。

本章小结

与现代文明一样，现代包装适应着现代生活的需要。而在历史的悠长岁月里，包装则是随着人类文明的前进步伐而发展起来的。在包装发展的过程中，人们对包装的认识也是逐渐深化的。一些现代理念融入包装设计中，沿袭悠悠历史文化，结合现代先进理念，这正是包装设计的发展前景。

第二章 Chapter two

以人为本
——包装对消费者的适用性

- 包装的责任
- 亲密爱人——包装和消费者
- “包”罗万象，“装”点生活

包装和消费者之间存在着一种吸引与被吸引的关系。可以说商品的包装能够给商品第二次新的生命。一个好的包装，给消费者带来的影响力是巨大的。在商品泛滥的今天，当不同牌子相同商品在消费者手中的时候，他或她会以什么为判断准则，又会做出怎样的判断呢?设计师应该如何把消费者的心理拿捏得恰到好处，捕获消费者的心?这是一个有趣而又多解的课题。

第二章：以人为本
——包装对消费者的适用性

关键词　包装的责任　消费者　“包”罗万象　“装”点生活

一、包装的责任

在超市消费如此普及的今天，在销售过程中，直接面对消费者的是商品本身。好的包装，能直接抓住消费者的眼球，让消费者产生强烈的购买欲望，从而真正达到销售的目的。但是，如果某一商品只是在媒体广告里将它形容得无与伦比，不论是功能作用，还是外观质量，都让人恨不得马上拥有，可当你将商品拿在手里时，感觉到的却是一个粗陋、俗气的包装，你会作何感想呢？恐怕你首先想到的就是这个商品的质量能有保障吗？可以放心使用吗？商家是否做了过度宣传？恐怕消费者的购买决心就会动摇了。

为了让产品与包装名符其实，包装设计师首先就要谨遵包装的五个基本功能。

保护商品

保护商品，防止损坏和意外风险。产品从生产出来到使用之前这段时间，保护措施是很重要的。如果包装材料的选择或者包装技术运用不当，就不能保护好里面的物品，这则是一种失败的包装。

便利性

包装能帮助库房管理人员准确地找到产品，也可帮助消费者找到他想买的东西。制造者、营销者及顾客要把商品从一个地方搬到另一个地方，最重要的是要便利。

展示商品功能

迷人的包装将商品展示得美轮美奂。过去人们常常说："一等产品，二等包装，三等价格。"只要是产品质量好，就不发愁卖不出去。当下市场竞争日趋激烈，厂商也逐渐意识到包装的重要性。"酒香不怕巷子深"这句古语，已成为了历史。如何让自己的商品得以畅销？如何让自己的商品在琳琅满目的货架中跳出？只靠产品自身的质量与媒体的宣传，是远远不够的。包装在这种激烈竞争的环境中早已成为一种无声的广告了。

吸引顾客

使消费者能够产生强烈的购买欲望，能够在众多同类商品中脱颖而出，促使消费者进行购买，这是一个好的包装所应具备的功能。

作为商品容器

包装的造型应适于内装物的储藏和使用，比如饮料类、酒类、洗护类用品适合瓶装或罐装，而其他食品和生活类用品则适合盒装或袋装。例如：易拉罐就是一种常见的商品容器，很多人购买易拉罐装的饮料时，都会喜欢开盖时的那一声"啪"带来的快感。

二、亲密爱人——包装和消费者

消费者和商品的最初关系像是一种单相思的状态，消费者单纯地迷恋商品，而最先吸引消费者的无疑是商品的漂亮衣裳——包装，让消费者对商品一见钟情！

“消费者”与“包装”的爱情不需要任何语言描绘，那种此处无声胜有声的情景正是包装的魅力所在。设计师把消费者的心理拿捏得恰到好处，捕获消费者的芳心。

包装是商品的重要组成部分，它与消费者的利益密切相关。随着人民生活水平的不断提高和商品竞争的日益激烈化，消费者对商品包装的需求也随之提高。

根据相关部门统计，在我国的包装市场上，特别是消费品销售包装，还存在着许多与消费者需求不符的问题，如严重的“白色污染”、食品包装的卫生安全问题等。根据英国一个食品科学实验室的研究表明，有些食品包装盒的染料本身对人体健康没有危害，但若通过微波炉加热，会发生化学反应，并且同食品直接接触或扩散产生污染，从而危害健康。尤其是一些通过微波炉烘烤制成的食品，如深受儿童喜爱的炸薯条、爆玉米花、汉堡包等，更应引起重视。

包装的图、文、色及外形的新奇新颖，都会刺激消费者的“视觉元素”引起消费者的留意并产生共鸣。要想商品在陈列架上显得醒目、与众不同，设计师就要在商品的包装设计上表现其文化内涵和需求，这是包装设计过程中的关键。

根据市场调研报告，包装和消费者密切相关，可以将消费者分类，例如儿童、青少年、青年、中年、老年，白领、工人、公务员，平民、富豪，男性和女性等，然后有针对性地进行产品包装设计，以适应不同的人群。比如同样都是护肤品，男性与女性护肤品的包装会有截然不同的设计观点，男性偏向硬朗的外形，女性偏向纤柔的外形。在颜色上，男性护肤品偏向重色，而女性护肤品偏向暖色浅色。同样，少女与成熟女人的护肤品的包装也会有很大的差别。

值得注意的一点，有些商品确定以儿童为销售对象，但儿童用品一般都是由父母或长辈购买，因此，儿童用品的包装不仅要对儿童有吸引力，还要考虑到父母在为其孩子选择商品时的心理因素。针对不同群体、不同年龄、不同阶层的消费习惯，设计出利于产品销售、正确传达产品信息的包装，这样才称得上包装和消费者是“亲密爱人”。

快餐包装

男性、女性护肤品包装

人的心理活动是一个极其奇妙复杂的过程，也是设计师面临的研讨课题，人们常常凭着自己的印象和了解去购买商品。据有关商品包装研究机构对消费者心理需求的测试表明，根据性别、年龄、国家、地域、宗教信仰等，人们的消费心理诉求是不同的，所以，设计师必须理解市场动态和发展趋向，研究包装设计要素和剖析消费者的心理需求。只有这样才能精确地再深入探究包装设计与消费者心理，促使消费者产生购买商品的欲望，从而达到改善人们的生活方式和消费的效果。从心理学角度来说，人们对商品信息的接受和识别分为感觉和知觉两个阶段。感觉反映商品的属性，知觉反映商品整体，认识总是由感觉开始，由知觉深入。因此，商品的包装就是令消费者最先认识商品的敲门砖。

超市货架上，商品的品牌靠什么脱颖而出？可想而知，一定会是别致的包装。而就是这别致的商品包装印证了日本学者伊只卓提出的包装设计三原则：醒目、理解、好感。

著名的“杜邦定律”告诉我们，在人的五官感觉中，视觉占87%，听觉、嗅觉、触觉、味觉仅占13%。所以，包装的视觉效果是设计师们研究的核心内容。

一个出色的包装，会给消费者带来巨大的影响力。它可以诱发购买者看到商品最初看不到的优点或新奇之处。当一类消费者成为商品的固定消费群体时，商品定位出现了，两者达到一种平衡的状态。商品将它的情愫给了消费者，叫消费者怎么忍心对其他商品微笑呢？所以，“亲密爱人”是对包装和消费者的关系最贴切的形容了。

消费者需求主要包括以下几个方面：

安全：包装上应标注有关消费品的搬运、贮藏、开启、使用、维护保养等的安全注意事项，有醒目的安全警示和使用说明，保障消费者与产品的安全。

卫生健康：包装应能保护消费品的清洁卫生和消费者的健康。

适用性和可靠性：包装应保护内装物不受外界环境因素的影响，且便于搬运、贮存、开启和关闭。包装尺寸和规格大小应适合消费者对消费品的平均消耗速度。

保护环境：包装应保证消费品不向外渗漏而污染环境，包装材料本身的后处理也应安全方便可行，不造成环境危害。

节省资源：包装材料应能回收、再生利用；包装应设计得能重复使用，易于清洗。

经济性：包装成本尽可能低，经济实惠。

——引自《包装者需求与包装标准化》

三、“包”罗万象，“装”点生活

在科技高速发展的今天，包装与现代生活品质相互影响着，而且，它们之间的影响是一个良性循环。

琳琅满目的商品陈列，让消费者的选择困难起来。商品包装肩负着无声推销员的现代使命，影响着消费者对商品的选择。生活水平愈来愈高，人们对商品的选择越来越挑剔。从最初包装的信息传达、保护商品到现在的包装体现消费者购买能力的变化，商品包装装点着生活的方方面面，反映着消费者的品位层次。越是高层次的消费者对包装的要求越严格。一般奢华商品，颜色沉稳，信息简练，图形经典，这样才能有奢华的气质。然而这又可能出现一个现实问题，就是过度包装，它会令消费者买到华而不实的商品，这就要求包装要节约资源。

同样，生活方式又影响着包装的设计。例如：在欧洲，越来越多的妇女脱离家庭主妇之称走向工作岗位，两口之家日益增多，家庭更加小型化；退休职工的增加促使社会老龄化……这一切都反映出人们的做饭时间越来越少。因此会有一部分人以饼干、甜食或快餐充饥，被戏称为“食草动物”，而多数家庭则由于电视节目的诱惑而导致家庭传统用餐方式的转化，这就使得便利性、人性化的包装脱颖而出。

包装行业是一个与环境保护和可持续发展联系非常紧密的产业。随着能源的减少，世界上节能呼声越来越高，低碳经济也随之逐渐升温。低碳包装必将变成包装行业的一个主力军。所以未来的生活，我们将会很大程度上受到低碳包装的影响。

“包”罗万象、“装”点生活

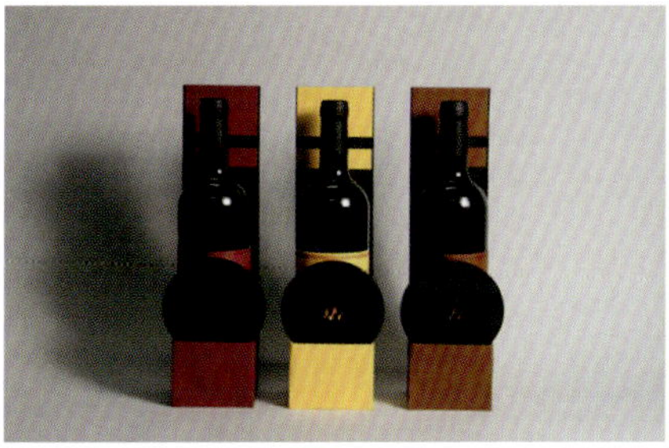

红酒包装设计

红酒包装大多采用较深的颜色，尽显沉稳、大气、奢华。

本章小结

包装变得越来越重要，它在我们的日常生活中起到了调味剂的作用。所以，包装承载着千变万化的生活方式，点缀着丰富多彩的人生！

第三章 Chapter three

形神合一
——创新包装的构成要素

- 独特的创意
- 信息的传达
- 个性的外观
- 直观的表达
- 丰富的情感

在这个物质丰盈的时代，产品质量相对差异并不大，而将产品更加完美地呈现给消费者的重任就落在了包装的身上，包装设计改变了消费者对产品的感性认知，从而形成品牌差异。

包装是产品促销中最廉价的工具，它需要的仅是吸引人的、具有冲击力的图案。与其他推销方式，如安排推销人员、代理人或进行广告战等相比，它要便宜得多。所以，如果说这里存在着趋势的话，它将不是热门的流行色彩和版面设计，而是包装本身。

第三章：形神合一
——创新包装的构成要素

关键词　创意　信息　表现手法　消费者情感

一、独特的创意

我们都是对包装设计有特定兴趣的朋友，并且在这个相对开放自由的平台上，无限遐想，并在碰撞中产生独特的创意，从而进入新的思想区域。

设计无边界，设计师的思维不应该受到任何条条框框限制，放松思想，让思维自由驰骋。那就让我们进入新一轮的游戏头脑风暴吧！

设计中的头脑风暴并不是我们日常所说的风暴，而是设计人才在人性化、便利性、独特性等因素的基础上，将设计头脑风暴的结果以视觉的效果来展现。

头脑风暴是以一个中心点，运用发散性思维，向多个方向发展。这其中会有多个节点，好比思维的“间歇站”，分支与分支的节点之间又可能相互联系，最后形成一个庞大的思维网络。我们在其中提取有用的东西，并加以整合。风暴式的思维过程最终在多方向相互碰撞的基础上产生，从开始、渐进、高潮以及到后来的结果展现，消费者都能想象到在设计师的头脑里，有一轮橙色预警风暴席卷而去。

创意是什么呢？不同领域有不同的解释，但它一定会是打破常规的叛逆，是传统哲学的新生力量，可以说是“胆大妄为”的同义词，创意源于生活又高于生活，同时引领生活，它正在并且永远改善和提高生活质量与品质。

创意就是具有新颖性和创造性的想法。独特的创意是设计师令商品产生飞跃的一个机会，不同寻常的想法、不同寻常的表现方式，令我们眼前一亮。

根据调查显示：有60%的人进入商店买东西时会改变初衷，很大程度上是由于包装的原因。原来买低档货，最终买了高档货，这就说明包装对消费者购买力起到了最直接、最强烈的影响，特别是在超市内，包装起到了无声推销的作用。

面包包装设计

杯装可乐，透明，令人一见倾心，创意既独特又人性化。它们仅仅是安静地站在货架上，就足以诱惑我们乖乖地掏出钱包了。

沙丁鱼回形针，将人性化和趣味性完美组合，可谓独特创意恰到好处。

在美国，有一种新的有机低热量儿童饮料Y Water™。它采用新颖的Y形瓶的对称形状来讨小学生们的欢心，他们可以利用此包装作为玩具、积木或游戏。该独特设计是从儿童的角度出发，采用了粗体几何形状，这是从颠倒的立体Y得到的灵感。这种材料透明度好，其厚度能承受Y Water™185℃热灌装加工过程以及孩子们不爱惜的行为和反复地使用。

日用品简约独特包装设计

有创意的包装设计是商品进入市场的美丽外衣，是击败其他竞争对手的必杀技，是产品的一种价值体现，是不可或缺的一部分。俗话说“人要衣装，佛要金装”，而商品更需要一身“好衣装”。商品不再需要简单的“外套”，商品的包装已经成为提升商品附加值和企业品牌形象的一种有效手段。

产品从生产厂家到消费者手中需要经过很多个环节，包装在整个流通过程中起到保护、运输等作用，最终还提升产品形象。业内有句俗话：“品牌认同消费者，广告吸引消费者，终端包装会打动消费者。”消费者在购买过程中，除了通过广告吸引、认知品牌外，富有创意的包装绝对是制胜的关键，通过包装与消费者加深印象、建立感情，起到自我推荐的作用，并最终达到激发消费者购买欲望的效果。

Frozen-ghost饮品包装设计

绿色无化学添加剂护发素包装设计

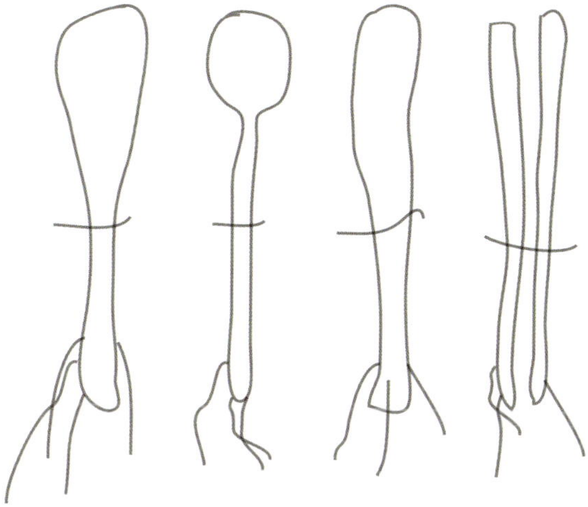

木质餐具包装设计

设计师以木质餐具为中心点，大胆想象，让材质、环保、降低成本、独特设计成为发展方向，最后还是结合材质的生长状态，以绿色环保的包装方式展示给消费者，既降低了成本，又融入了环保理念。

红酒包装设计

“公主的化妆箱”，将红酒包装成如此可爱的造型，一定会吸引很多女生的喜爱。

乳制品包装设计

这是一场视觉盛宴，每一层都流露出它的“秘密”，外包装也是新颖独特，吸引消费者。

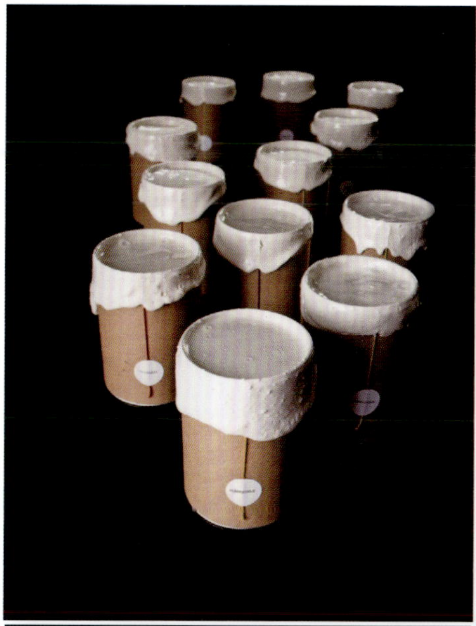

SOSO调料包装设计

这是由西班牙的设计师Eduardo del Fraile为SOSO工厂设计的一组高级调料的包装。包装分多种颜色，不同的颜色代表的调料都不一样，而颜色和调料之间是相关的。

L’ éclat巧克力包装设计

L’ éclat巧克力店推出以太阳系8大行星为主题的巧克力套装，口味有奶油柠檬（金星）、香草（木星）、卡布奇诺（海王星）等。还有恒星陨石系列，让我们的小心脏快速地跳动起来。造型独特逼真，色彩鲜艳。

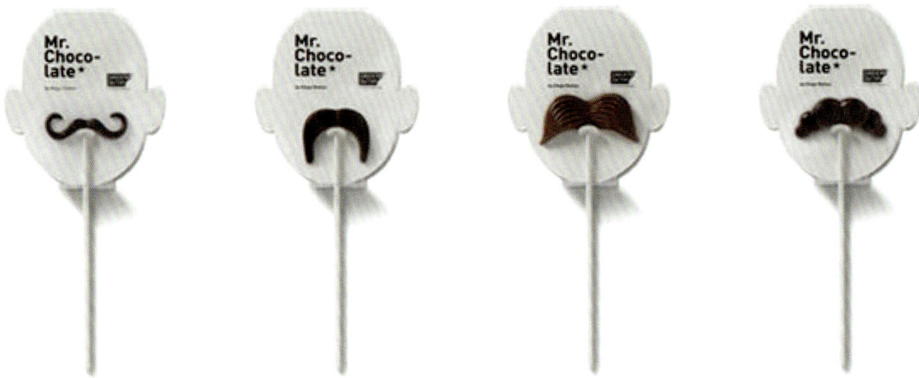

巧克力包装设计

巧克力，不仅是美味，还是我们的小玩具，诙谐幽默。

巧克力包装设计

蛋形巧克力，总能给消费者一种错觉，但回味起来又是那么有趣。

啤酒包装设计

一般啤酒都是男士的最爱，而把啤酒包装设计成女士丝袜，确实是一个很大的挑战，“蕾丝诱惑”，想必男士一定会被电到。

牛奶包装设计

将瓶子底部造形设计成奶牛乳头形是该款牛奶的亮点，既别出心裁地将产品与原材料结合，又起到了稳定作用。跳跃的颜色吸引了消费者的眼球。这是一款实用且新颖的设计。

蜂蜜包装设计

消费者走在超市里，恐怕最先飞到消费者眼睛里的就是它了，就像是蜜蜂群在勤劳地采蜜，有一种回归自然的感觉。设计师将蜜蜂的外形巧妙地与瓶形结合，设计出令消费者易识别的蜜蜂造型的蜂蜜罐。

香烟包装设计

坟墓香烟，很形象的包装设计，提示烟民们珍爱身体。这种讽刺的表现手法可以说对设计师、商家都是一种挑战。

画笔包装设计

Poilus的画笔包装设计幽默诙谐，将画笔赋予人物性格，表情各异的手绘人像，笔刷华丽地变身为胡须，瞬间画笔就像一个充满智慧的老者，拥有生动的表情。Poilus这款包装中有两支画笔，一支大画笔一支小画笔，笔刷还有不同的颜色。这样的包装不仅趣味十足，而且在你随身携带时也能很好地保护笔头。只有天马行空和奇思妙想，才能绘制出各种各样图绘的画笔。

茶叶包装设计

Maja Matas圣诞茶包，在圣诞期间推出，结合节日气氛，小圣诞树不仅装扮茶包，更为泡茶提供了便利，令消费者与商品彼此更亲密。

Gaga Tea包装设计

瑞典学生Nathalie Hallman在设计过程中选取Lady　Gaga十个最夸张瞩目的造型作为元素，制作成茶包，每个茶包造型有一个独立含意，根据颜色属性、造型特点、夸张程度来赋予它不同口味。

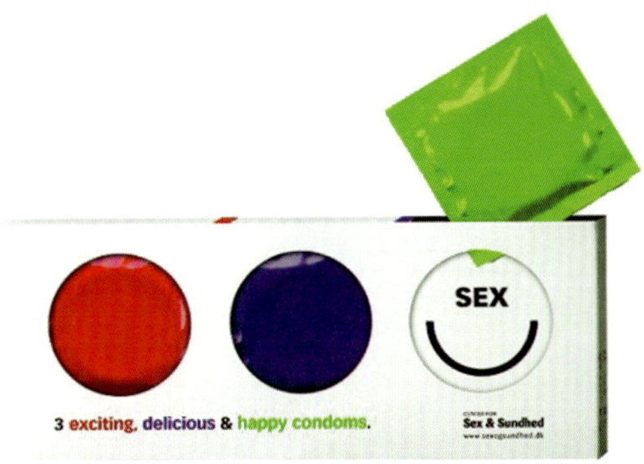

避孕套包装设计

爱是美好的，让避孕套成为我们的性爱日记，这是一件多么美妙的事情啊。

二、信息的传达

商品名称的“艺术化”

文字是重要的信息交流工具，是一件完整包装设计不可或缺的重要部分，一件产品的呈现，必定会带着文字一起出席。

商品名称跟我们个人的名字一样，都是富有一定美好的愿望，为了区别于其他商品而使用的商品的称呼，并且蕴含着一定的意义，有愿望、祝福等，如：五粮液、茅台酒、黄金搭档、两面针牙膏、心相印纸巾等。

根据《商标法》第十一条规定，商品特定名称只要遵守规矩大多可注册成商标。国外商品亦然，同样遵循本国的商标法，随着经济全球化，全球商标法也更加完善。消费者所了解的国外品牌，如：28摄氏度巧克力、雅诗兰黛、GUESS、资生堂、Delay's Candy Bar 等都是消费者所能接触到的。

如果商标尤其是驰名商标的所有人对商标使用不当、保护不当，有可能将商标转化成为大众商标名称，从而使商标失去显著性和可识别性，如：阿斯匹林、尼龙等。而此时，商标所有人就丧失了对该标志的独占垄断权。很多山寨品牌借助大品牌的影响力来蒙骗消费者，这对该品牌的企业形象造成了致命性的打击，例如：LV与LA的关系。

随着人们精神生活水平的提高，消费者对商品名称的艺术化要求逐渐增高。“艺术化”是一种境界，所谓人生能够艺术化，此乃“今生无憾矣”，所谓名称能够艺术化，此乃“商品非凡矣”。正如一件高档的商品，必定会有一个有着深厚背景、丰富内涵的艺术化名称。

商品名称的文字设计要遵循简洁、通俗、易懂的原则，以奇特有趣的编排形成强烈的视觉冲击力，引起人们的注意，说明问题，给消费者留下难以忘却的第一印象，最终引起购买行为。

商品名称艺术化其实可以分两方面理解，浅层含义就像 Help Remedies“彩妆”亮相，让你“痛”并快乐着，一个特别的名字可以更直意产品信息，而且远远比那些普通的名字更具魅力。

help
I have a stuffy nose
help
I have a blister
help
I can't sleep
help
I have allergies
help
I've cut myself
help
I have a headache
help
I have an aching body

what's wrong?
help
I have a headache
help
I can't sleep
help
I have allergies
help
I have a blister
help
I have an aching body
help
I've cut myself

sleep
allergies
cut
blister
aching body
headache

help药品包装设计

不同颜色的盒子装着治愈不同的病症的药片，而这种跳跃的颜色给病人一种轻松的感觉，能够在心理上减轻痛感。

限量版可口可乐包装

从视觉角度出发，商品名称的艺术化视觉表现是深层次含义，独特的字体创意对消费者的视觉识别起到了关键的作用。

艺术化的商品名称给消费者的最初感觉就是图形，第一步这个图形要有强烈的视觉冲击力，第二步图形内容深刻化——也就是我们谈到的名字艺术底蕴强，第三步就是独特性，特别的东西总让人过目不忘。

比如可口可乐和百事可乐及其公司其他产品，包装文字采用十分有动感、前卫的视觉设计，非常符合年轻消费群体的定位，无论将其名称放到什么位置上，都能一眼看出它是独一无二的可口可乐。

不同的产品，所使用的字体、颜色、周围的装饰都会不同，也有着不同的消费群体。

产品包装上的文字应与产品特征相结合，像年轻群体的商品包装就不能用过于严肃的字体，颜色不能太低沉，简单的字体设计也必须符合产品定位，不能“名不副实”。

医药、卫生类产品可选择明快、利落的字体

儿童产品可选择活泼、可爱、幽默的字体

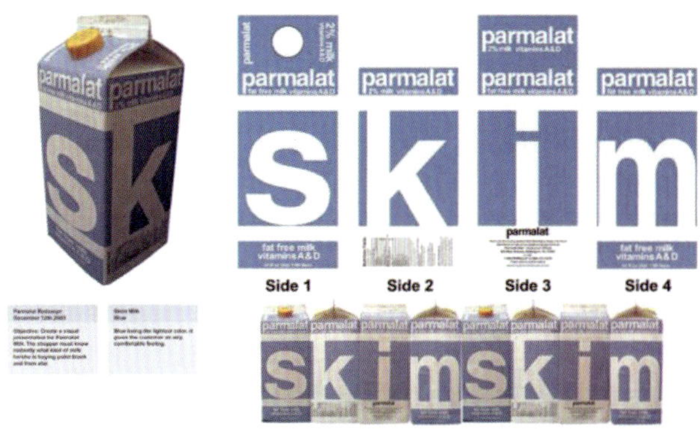

强调功能性产品可以选择硬朗、刚健的字体

限量款可口可乐包装设计

包装文字采用十分有动感、前卫的视觉设计，非常符合年轻消费群体的定位标准，无论将其名称放到什么位置上，都能一眼看出它是独一无二的可口可乐。

OAT SO SCRUMPTIOUS 包装设计

这是一款女性饮品的包装设计，整体风格甜美可爱，不同口味采用不同颜色，其说明性文字也是相同颜色，形成了统一风格。

在包装设计中，善于运用文字，挖掘文字的魅力，创造新的文字形象来加强信息力度是每个设计师所必备的基本能力。在包装设计中文字的设计要讲求：空间、平衡、韵律的原则。在应用的同时，不仅要求文字本身形式感强，组合起来构成感也强烈，可以说是图形，醒目、干练是文字图形所追求的目标。

文字编排有主次之分，一般把握主体文字，将主体文字安排在醒目的位置，二是处理好主次，次要文字应小于主体文字，自然合理，节奏协调，从而达到赏心悦目的效果，激发消费者的购买欲望。

一件成功的包装设计往往需要很多层文字信息，因此，字体的选择，大小、颜色的互相配合便成为十分重要的问题。在一般情况下，控制在三种以内为好，并且使每种字体的数量上有差别，以突出重点。几种字体的大小应拉开适当的距离。

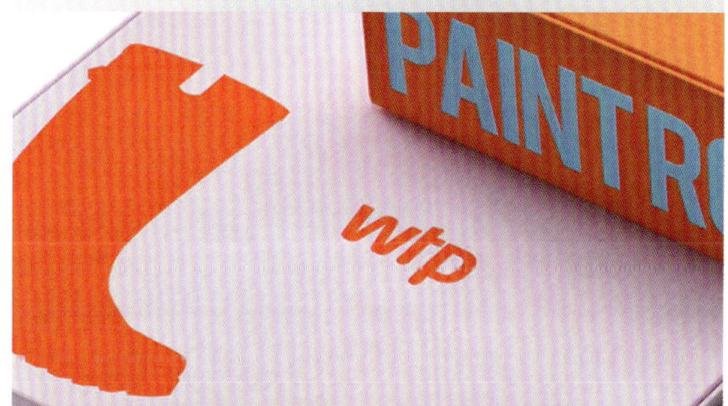

wtp油漆包装设计

缤纷色彩，带给我们欢乐的气氛，wtp油漆带给我们别样的生活。

01
Cote D'Ivoire
Africa
02
Ghana
Africa
03
Nigeria
Africa
04
Cameroon
Africa
05
Tanzania
Africa
06
Madagascar
Africa
07
Mexico
Latin America
08
Costa Rica
Latin America
100%
Chocolate
Cafe.

Creamy
Pista
chio.
Winter Special
100%
Chocolate
Cafe.

634

27
Honey
Variety of Sweetener
01
Cote D'Ivoire
Africa
05
Tanzania
Africa
04
Cameroon
Africa

27
Honey
Variety of Sweetener
26
Wasanbon
Variety of Sweetener
100%
Chocolate
Cafe.

Milk
Hazel
nut
Winter Special
100%
Chocolate
Cafe.

100%ChocolateCafe巧克力包装设计

每款不同的巧克力按数字排序，就像日记一样记录着每一天的精彩。

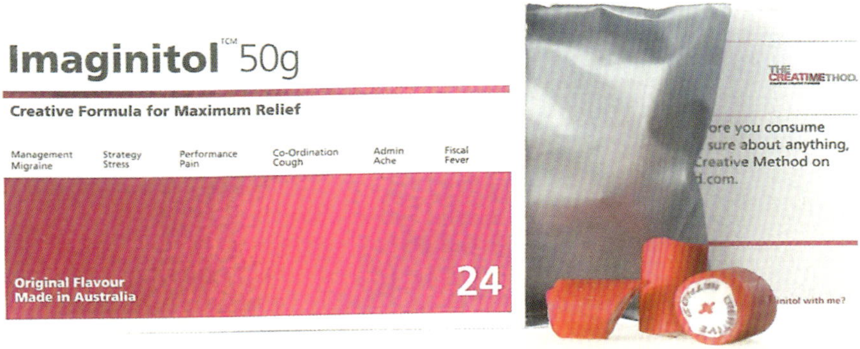

糖果包装设计

看似是药品包装，其实是糖果包装，包装盒上的严谨文字排版形式，真的能够给人一种错觉，但是在众多可爱风、甜美风的包装设计中，这样一款特立独行的设计是不是更夺目呢？

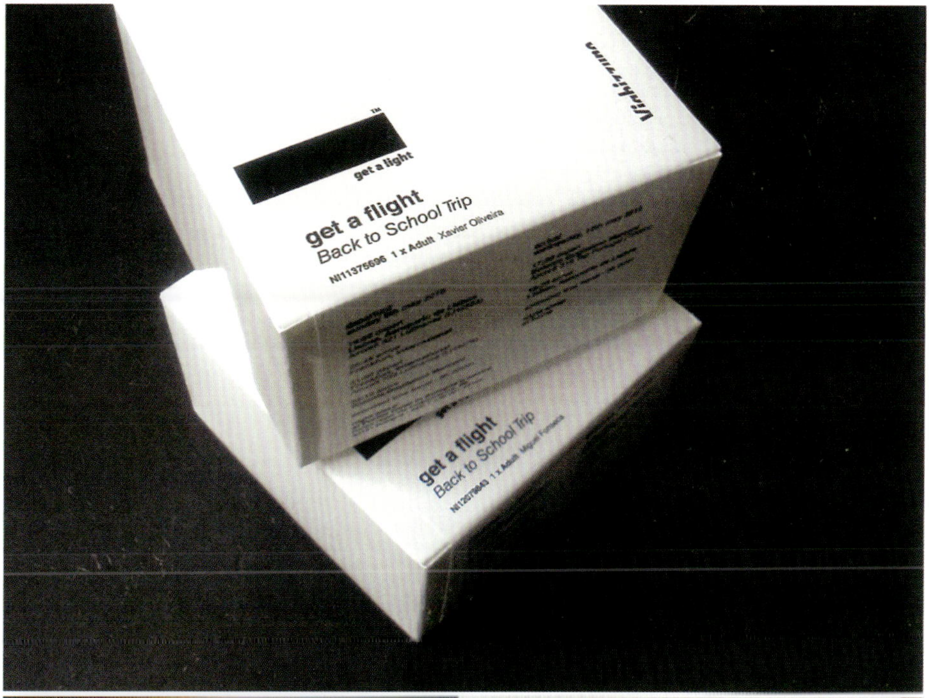

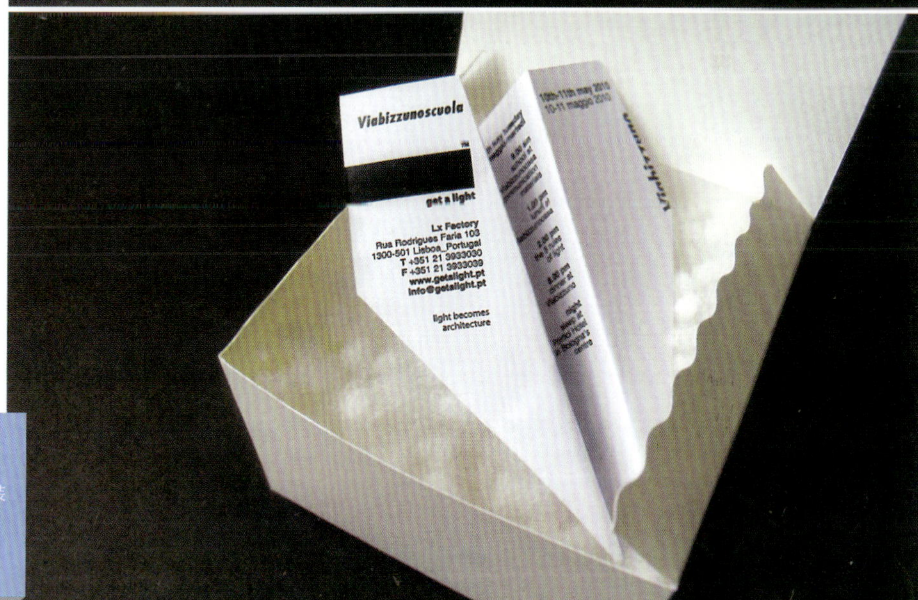

get a flight包装设计

将说明书折成纸飞机是这款包装的亮点。

由于民族文化差异，在文字设计上要考虑具体问题。例如亚洲国家对“4”这个数字不太喜欢，那么在设计中，设计师一定要注意避免“4”的出现或者出现的位置。此外，各个国家对文字的使用也都做出了具体的规定和安排。例如：希腊商业部门规定，凡进口到希腊的外国商品包装上的字样，均以希腊文书写清楚，否则将会追诉处罚代理商、进口商或制造商。

不同造型的包装需运用不同的字体，如盒、袋等方正平整的外形可以采取变化丰富的字体，瓶、罐、筒等圆柱造型的包装字体需要简单些，特别注意异型包装更需要注意字体的简练，以防扰乱视觉识别。

由此看来，文字既美化宣传商品，同时又能传递信息。

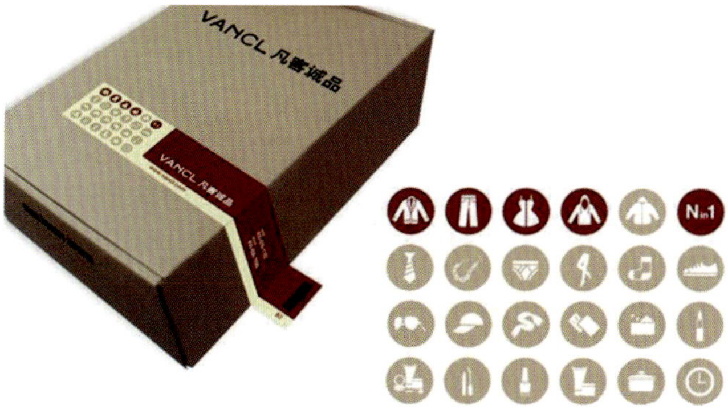

体现在包装盒上的图标信息

基本文字信息“一个都不能少”

文字信息在包装设计中起到了至关重要的作用，消费者通过与文字的交流产生思考，进而产生购买行为。

消费者在购买商品的同时，要了解商品的基本信息，而这些信息正是方便消费者认识、了解商品的必经之路，只有通过它们，消费者和产品才能成为好朋友。

产品包装文字大致可以分为两个方面：一是出现在包装外表，起到宣传促销作用的装潢文字，同时，也伴随着部分说明性文字。例如包装正面通常会出现商品名称、标志、含量、口味、广告语等字样，而商品主要成分、使用方法、适宜人群、保质期、保存方法、产地、厂家厂址这些信息则会出现在包装背面，如果包装造型有侧面和顶面，也可以分担一些文字信息量。在产品包装设计上，应出现包装储运标志、食品质量安全、绿色食品、有机食品可回收标志。

二是部分文字出现在产品包装的内部，是指导消费者如何正确安全地使用本产品的说明，包括商品的品牌、数量、规格、成分、标志合格证以及使用说明书等。

在确定基本信息后，文字的编排设计非常重要。包装文字编排设计是在有限的包装版面上，按照一定的审美规律结合视觉表达内容和平面设计的具体特点，将文字组合排列。

文字整体的编排形式可分为：对称式、均衡式、集中式、对角式、分割式、连角式、自由式、散点式、综合式、体面转折式。在文字编排设计中要注意粗细、字距、行距、面积的调整。字距为1/4，行距大于字距，约1/2或1/3个字高为宜。字与字的疏松紧密可以达到一个特殊的效果，文字排列可横排、竖排、圆排、阶梯排、参差排、集中排、对应排、轴心排。文字可左对齐、右对齐、居中对齐。

食品包装设计，美国FOUR TINES速冻蔬菜包装，以不同颜色、字体来区别该产品的不同信息。

说明性插图来帮忙

说明性插图是用插画的形式将信息最简洁有序、清晰明了地传递给消费者，使他们能最快地了解商品的使用方法及特点，并按照正确的方法来执行。一般情况下，说明性插图为示意图，示意图多是用简单线条和符号描绘的，以极简的手法来说明问题 。由于产品包装寸土寸金，无论是文字还是图形都是展示产品的关键，所以简单精练是说明插图的特点。

说明性插图深入浅出，能够进一步解读消费者的疑惑，它经常出现在商品的使用方法（食用方法）介绍上，也是很重要的视觉信息。

Diesel Knee 包装设计

这款护膝包装更像是一幅插画，在讲述一个性感美女的故事，这样趣味的表达会吸引更多消费者。

三、个性的外观

随着社会的快速发展，人们对生活质量的要求也随之提高，对产品包装的需求呈多元化和个性化方向发展，以满足消费者自身的消费心理、情感的诉求。如此看来，产品质量之间存在竞争，以往的标准化包装已无立足之地。在购买过程中，产品能否赢得消费者喜爱，产品包装设计的个性化、趣味化则起到了至关重要的作用。

设计师们一直致力于研究产品包装个性的外观与结构的设计，在商品“同志化”如此严重的今天，个性化的外观以强烈的视觉冲击力吸引着消费者的眼球，驻足、留意、观察、购买等一系列行为都源自个性的包装。消费者一般分不出产品与包装，产品即包装，包装即产品。包装是产品的影子，在缺乏参考信息的条件下，独特的包装能比同类同档次的产品更赢得消费者的芳心。

据调研，市场纷纷推出形式各异且个性鲜明的包装，包装设计的发展趋势呈现出容器造型设计艺术化、包装装潢设计前卫化和包装结构设计科学化、人文化的个性化倾向。

铅笔（10支装）包装设计

盒体造型——以纸盒为例

包装盒作为商品的外衣，我们不容忽视它的设计，一个产品的包装盒怎么来评定呢，简单来说，如果舍不得扔掉应该就算是一个比较成功的设计。

T恤包装设计

包装盒早期体现为纸盒，源于我国古代，它被运用到食品、药品、纺织品、化妆品、燃料、火药、盐等产品包装中。现在依然应用于这些产品的包装中，但由于人们的环保意识增强，环保纸、可再生纸成为纸盒包装的热点，这些绿色材料应用于现代纸盒包装，是未来纸盒包装的发展趋势。

由于纸盒包装的制作工艺有限，色彩就成为设计的重要元素之一，不论是什么产品包装，包装总能给人特定的视觉感受，无论是华丽还是质朴，都是取决于色彩的总色调。并且，不同材质的纸会产生不同的效果，对于原始设计的真实度也存在着差异。总色调直接依据色相、明度、纯度来具体体现。其次面积因素，除色相、明度、纯度外，色彩面积大小也是直接影响色调的重要因素。因而，纸盒包装是最受设计师青睐的材料。

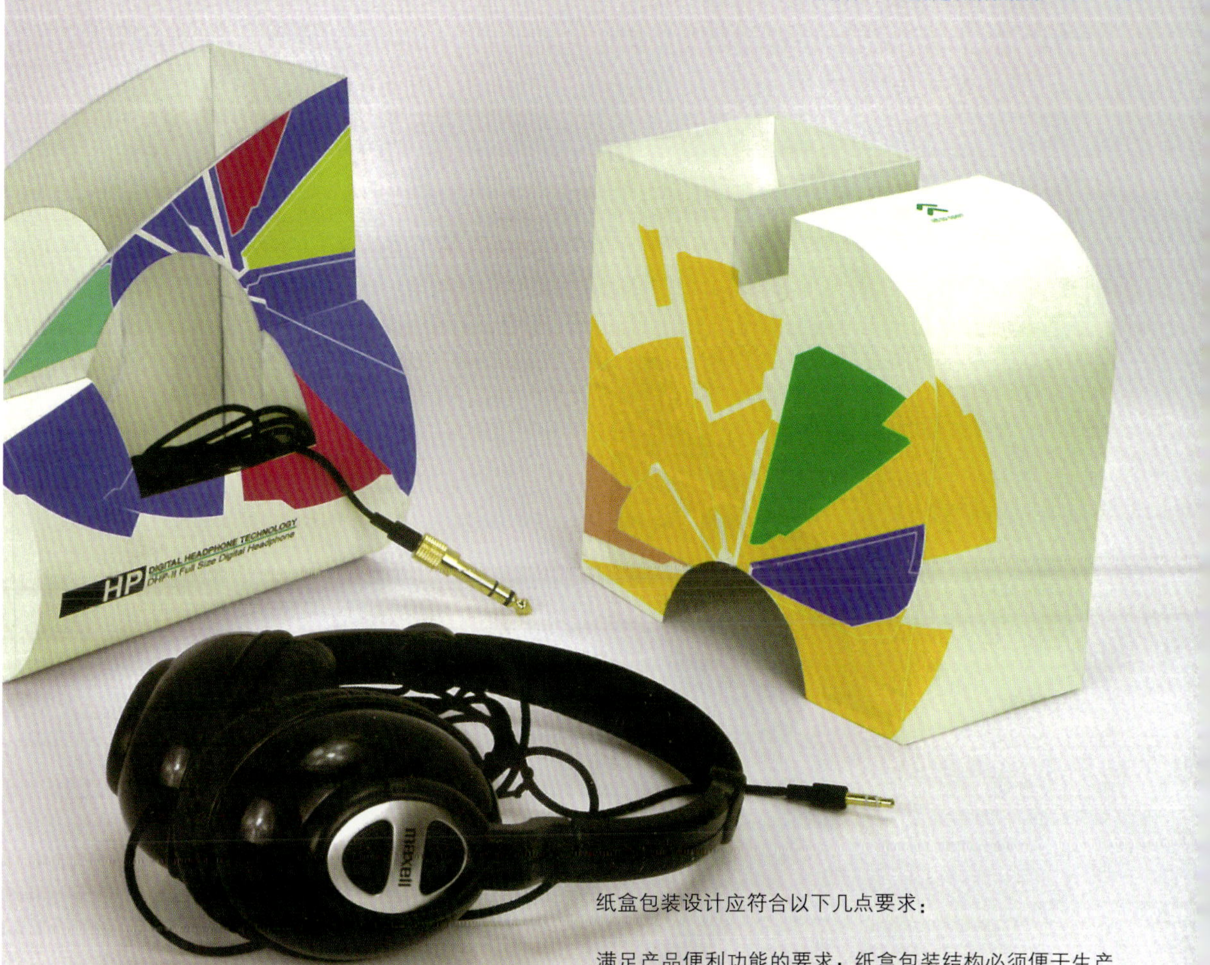

耳麦包装设计

造型独特的盒形适合耳麦的展示，既能够更好地保护耳麦的"人身安全"，又能让消费者对耳麦的容貌一目了然。

纸盒包装设计应符合以下几点要求：

满足产品便利功能的要求：纸盒包装结构必须便于生产、存贮、运输，便于陈列和展销、携带和使用功能。

满足产品保护功能的要求：保护性是纸盒包装设计的关键，根据不同产品的不同特点，设计应从内衬、排列、外形等结构充分考虑，特别是对于易破损和特殊外形产品。

满足消费者的审美需求：纸盒包装结构设计造型的新颖、个性化非常重要，它能给消费者以新奇独特感和美感，激发消费者的购物欲望。

结构科学合理：科学合理的纸盒包装结构设计，要求尺寸合理，符合人机工程学，开启使用方便，尽量少的黏结和插接，以提高生产效率，能展开或压平，以减少储运成本，用料少而坚固，成本低而实用。

满足绿色环保的需求：包装结构的合理设计对于包装的减量化、资源化和无害化能够发挥重要作用。

根据以上要求和纸盒结构包装的发展方向来分析纸盒结构类型。

——引自《纸盒包装设计》

服装包装设计

个性十足，便于携带，走在街上必定回头率极高。

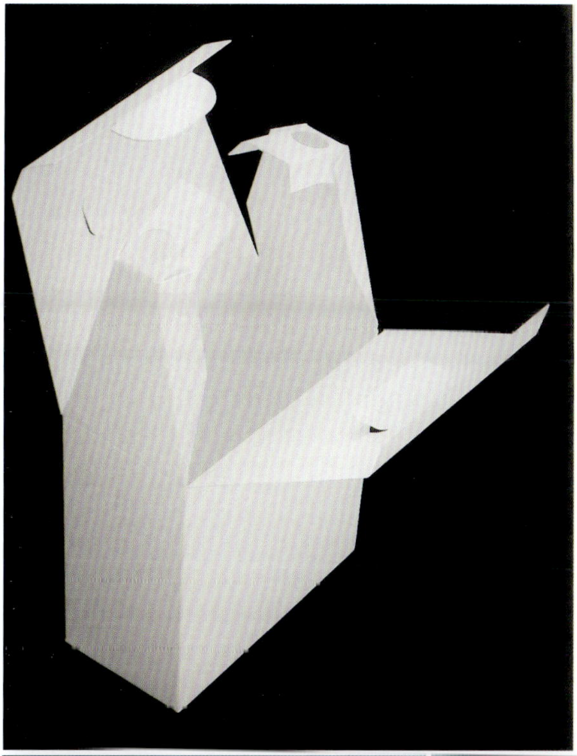

普通型

关键字：简洁、成本低、运输便利，适用于常见包装。

局限性：造型无新意、单调。

应用范围：各类产品。

消费群体态度：普遍认可、大众接受。

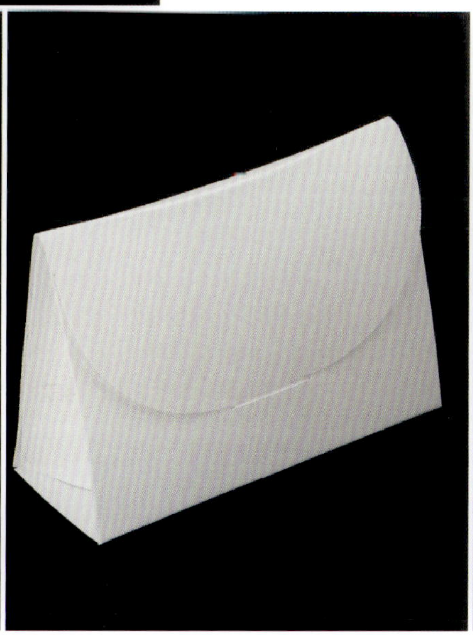

展示型

关键字：体现产品个性、令消费者“眼见为实”、便于商场展示、视觉冲击力强。

局限性：运输不便利、盛放产品空间小。

应用范围：零售商品、礼品。

消费群体态度：认可，符合消费者消费心理。

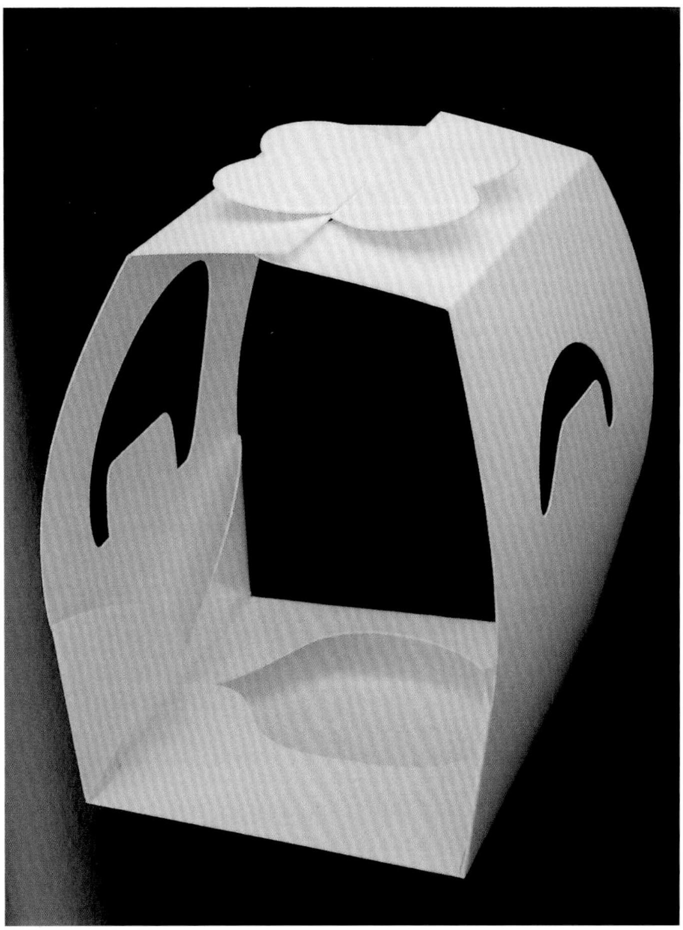

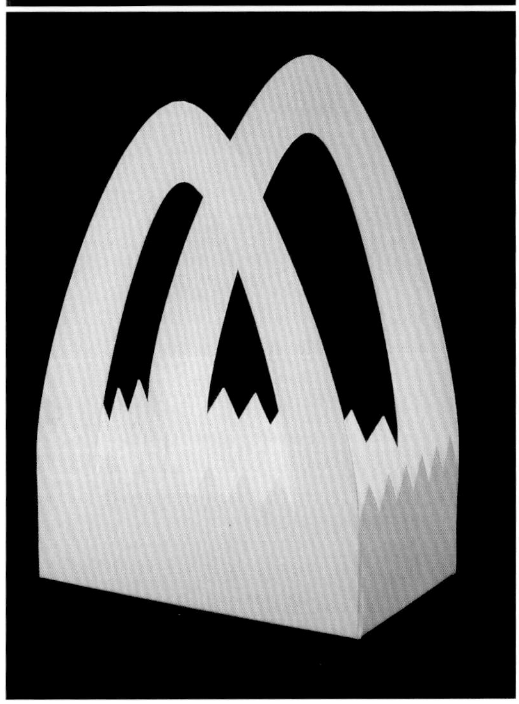

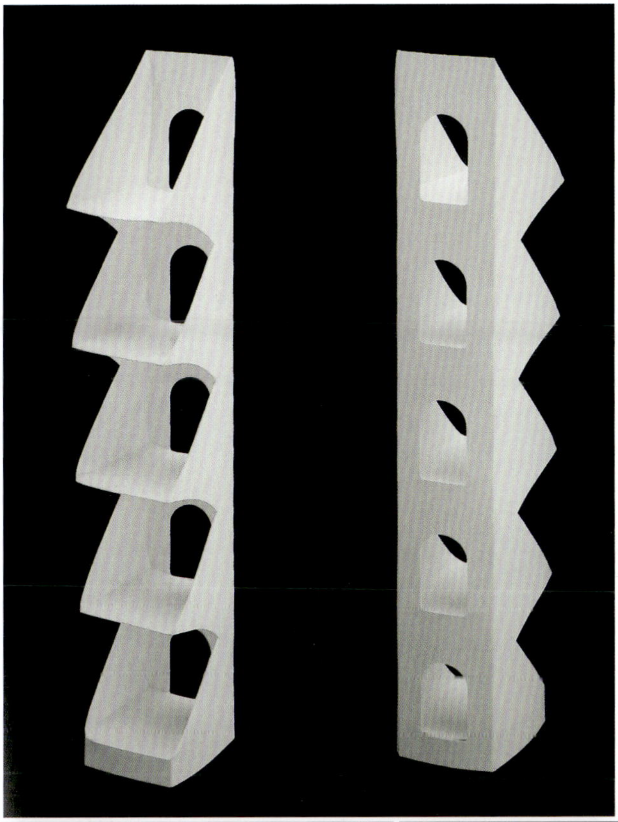

隔间型

关键字：内部层次多、适合产品多层次演绎、趣味性、便于运输。

局限性：实用性低。

应用范围：食品、药品、日用品，适用小体积产品。

消费群体态度：部分消费者认可，但有些消费者认为使用麻烦、不实用。

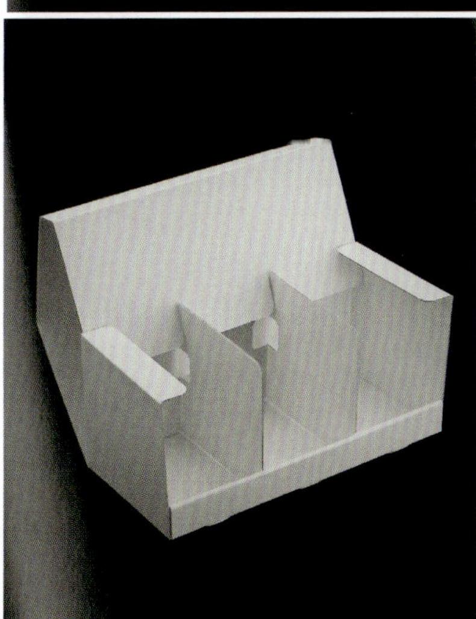

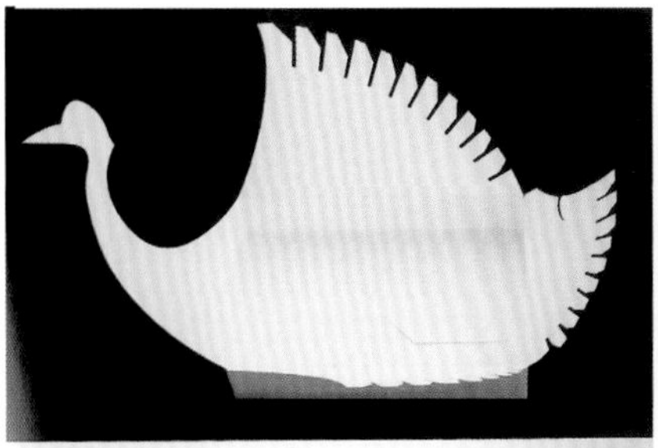
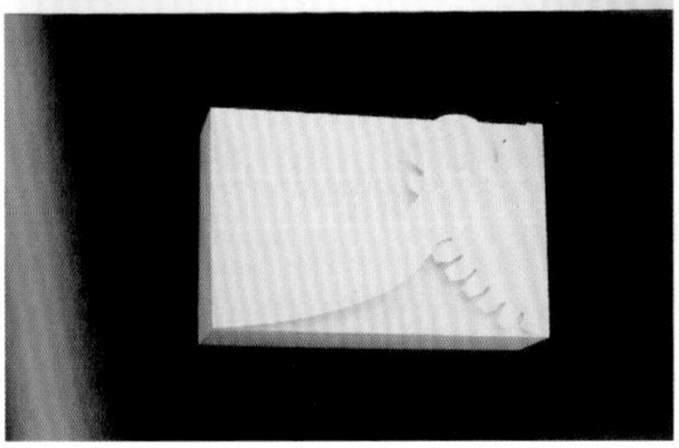

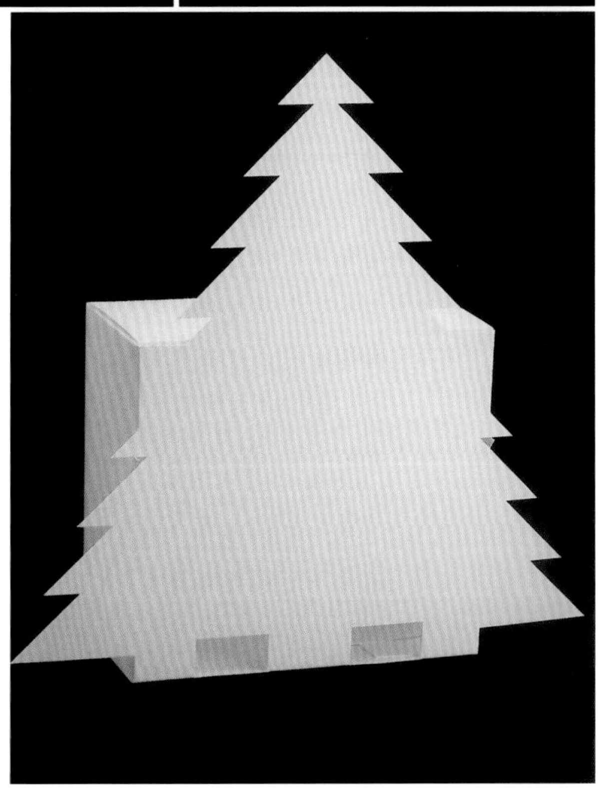

特殊型

关键字：独特性、趣味性、视觉冲击力强、造型生动。

局限性：实用性不强、不便于运输。

应用范围：食品、日用品、文具，特别是儿童产品。

消费群体态度：年轻消费者认可、张扬个性。

携带型

关键字：材料结实、耐用、可回收，便于消费者携带 。

局限性：不便于产品运输。

应用范围：集合式饮料包装、小家电、礼品、文具、日用品。

消费群体态度：认可、方便，符合人机工程学。

礼品型

关键字：造型大气、气质奢华、格调优雅、便于运输。

局限性：成本高。

应用范围：适用于高档产品。

消费群体态度：认可。

容器造型

瓶瓶罐罐

优越性：包装材料通常选用玻璃、塑料质、金属、陶瓷等材质，具有良好的密封效果，能够长时间贮存产品，便于消费者携带、商家运输，造型优美、多变。

局限性：瓶罐包装易碎、易变形，运输时要考虑到产品自身的安全问题。

适用材料：塑料、玻璃。

适用范围：一般液体、粉状产品都采用瓶子、罐子容器，适用于饮品、食品、化妆品、药品等。

OGO矿泉水包装设计

功能性饮料包装设计

容器造型设计艺术化

包装设计同其他艺术一样，都具有一致性。随着包装设计新理念的诞生和消费者对市场的要求，作为包装设计重要环节的容器设计也随之进化升级。在造型方面，中规中矩的几何造型似乎越来越难以激发消费者的视觉兴奋点，缺少视觉冲击力，而造型不规则、个性的容器置于柜台上，更能吸引消费者，消费者可以从不同角度观察它，所以消费者的购买欲望往往被这些与众不同的造型所吸引。

容器造型设计的功能性

包装容器一直是以保护商品、使用便利和信息传递为主要目的。但由于人们的物质生活水平越来越高，人们从单纯的需求上升为艺术化的高品质生活，借此以满足消费者自身的各种情感方面的需求。而最原始的容器功能变得越来越渺小了，所以功能性的包装设计关注度日益下降，颇具艺术化的商品包装，则成为人们购买商品的首选。但是，无论怎样的设计，容器的功能都是基础。所以现代设计应当牢记，在满足人们对商品包装新要求的同时，最原始的包装功能是不能丢的，切记：好高骛远丢失最本质的东西。容器造型设计要将功能与美感结合得恰到好处。

PANTONECANS喷雾包装设计

DIESEL男士香水包装设计

DIESEL男士香水包装设计，采用3D立体造型，以男人强而有力的拳头作为设计原型，容器造型极大地突破了传统香水包装容器的造型设计，强烈的视觉形式感瞬间引起大众的注意力。

红酒包装设计

由罗马尼亚设计公司的Ampro设计。酒瓶由两个瓶颈组成，瓶子的外包装则是由两个杯子构成。包装不仅将功能与美感结合的恰到好处，还巧妙地将使用对象的感受融入产品设计中。是很人性化的一款设计。

LIVON女士护发产品包装设计

由UK design studio设计，LIVON女士护发产品，着重突出女性秀发丝般润滑，肉粉色突出女性温婉贤淑的特性。

evian(依云)矿泉水

evian矿泉水一直以品位纯净自然为品牌理念。它采用3D立体造型，冰山的个性化造型令购买者情不自禁地对其产地、质量及口感等产生无限的联想，是一款超越想象空间的个性化包装容器设计。

矿泉水包装设计

小巧玲珑，像是水分子放大了一般。

兜兜袋袋

优越性：它具有便利性、成本低、运输畅的优点特性，包装袋具备多次使用性。

局限性：这种包装一般采取简单的设计方法，造型单调。

适用材料：牛皮纸、塑料、帆布。

适用范围：一般适用于多种产品包装，较为轻便的产品更适用于此包装。

日本手信包装设计

日本手信包装设计一直以清新典雅著称。

日本手信包装设计

日本的设计总是以简洁、鲜艳的色彩取胜。通过透明袋我们可以对商品一目了然，袋口处用精致的卡片扎住。

四、直观的表达

结合具体商品的功能特点，对包装设计视觉表现形式，用丰富的视觉图形语言表达，从而达到销售商品的目的，它是设计师对产品认知与生活体验的结合。

包装外观设计与包装内容物之间是紧密相关的。包装外观类型可以归纳为具象图形、半具象图形和抽象图形三种，它与包装内装物之间是紧密相连的，清晰明了地传递产品的相关信息，如果看到它不能产生什么效果，那么这将是它的失败。

图形、图案、插画、摄影是直观表达包装信息的手法，它们都属于表象因素，通过视觉语言，让消费者产生一种心理过程。

乳制品包装设计

将十字绣的针法融入平面包装设计中是一件非常取巧的方式，它要求制作工艺、印刷工艺非常讲究。想必这样一款牛奶拿到孩子面前，他一定喜欢。

节能灯包装设计

设计师巧妙地将节能灯造型画在外包装上，让消费者能够一目了然节能灯的形状结构，同时将瓦数写在节能灯图形上，如此简洁的包装设计却能准确无误地传达信息，确实做到了由内而外的“节能”。

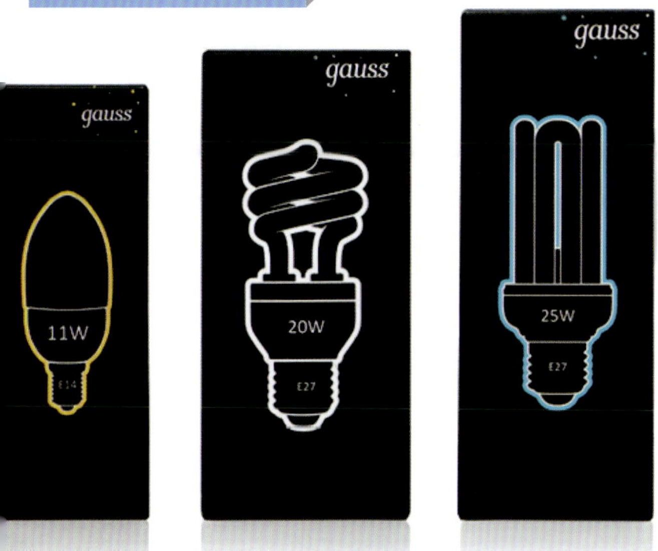

图形会“说话”

都说产品包装是一个无声的售货员，一个简单的图形就能明示产品类型、性能、适用消费群，甚至消费者还能从简单的图形中挖掘出产地。

那什么是图形呢？图形一词英文为“graphic”，是由绘、写、刻、印等手段形成的图像记号。美国图形大师菲利普.B.梅格斯曾说：如果图形设计不具有象征的词语的含义，那么就不再是视觉传播，而成为美术了。所以，图形设计应具有可解读性。而这种可解读性应具有直观、易懂、表现力丰富等特点。

图形表现应遵循以下“三看”原则：想看，指图形选择独特，有地域味，能激起大众的好奇心。好看， 图形的形状、色彩搭配协调，形式美感较强，有艺术性。耐看，创意新颖，并非简单直述主题，有民族文化的韵味。

包装图形的设计运用可以引起消费者对包装商品的视觉注意，进而了解商品、识别商品，并留下深刻印象，最终进行购买。图形作为视觉传达的设计要素，在包装设计中常用图形表现的方法，包括具象图形、抽象图形、装饰图形等。

Boris
ICE
TEA
5,6%
alc./vol.
473 mL

Boris
ICE
TEA
5,6%
alc./vol.
473 mL

Boris
THE GLACE
ICE TEA
Boris
ICE
TEA

鲍里斯冰红茶包装设计

鲍里斯冰红茶包装采用极其有趣味特点的人物面部形象，男女有别，颜色变换，给人一种欢喜的气氛。

红酒包装设计

神秘的网格不仅增添它的神秘感，还能增加它的庄重感。

红酒包装设计

红酒总是给大家一种尊贵、庄重的印象，这款红酒包装带给我们的却是轻松自然之感。

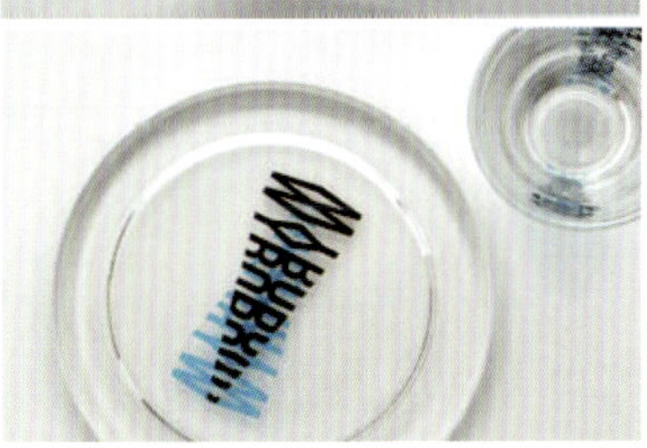

洋酒包装设计

该产品将文字设计成雷达信号的形状，非常有创意，寓意所有消费者都在这款洋酒的波及范围。

“绘声绘色”的装饰图案

从古至今，无论是国外还是国内的装饰图案，它都是在严谨有序中寻求丰富的变化，而正是序列性成就了装饰图案在包装设计中的地位。

运用经典图案，不仅能够丰富和增强装饰效果，而且往往可以体现商品的特征内涵和民族地方特色。现代装饰图案也是包装界的新宠，图案元素动感十足，非常适合定位于年轻消费群体的商品。

装饰图案源于生活，体现在包装设计上又回归了生活。

随着经济时代脚步的袭来，人类将文化融入了商业，图案成为包装设计表现手法之一。各国设计师们没有将本民族的传统文化丢弃，而是融入了现代设计。由于经济全球化，商品在市场上流通，每一款包装设计都肩负着传播本土文化的重任。

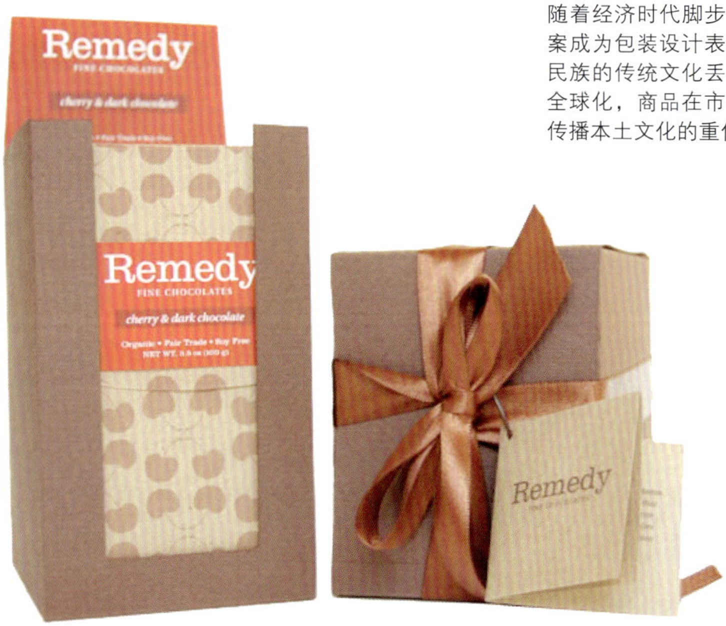

Remedy巧克力包装设计

Remedy巧克力包装设计采
盒包装，在纸盒上印制一些
感的图案，既降低成本，又
了趣味性。

OBAMITAS 饼干包装设计

OBAMITAS 饼干包装的图形正是饼干的造型，包装盒像是带了一个小帽子，内部以礼品包装的形式展现给消费者，庄重略显俏皮，独特的打开方式增添了它的趣味性。

手工皂包装

深受消费者喜爱的手工包装，看起来很自然，似乎用起来也会安心一点。

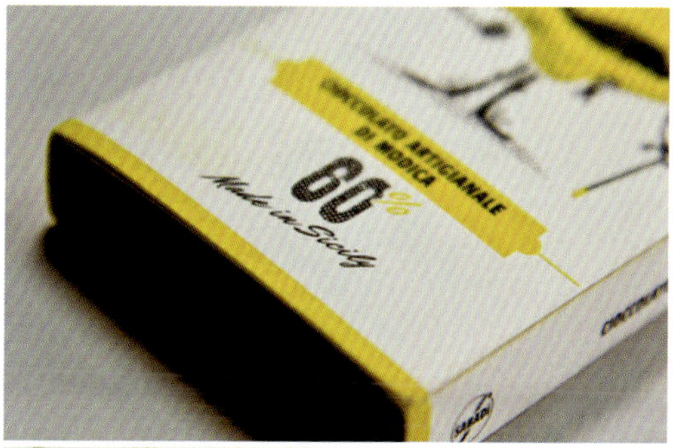

包装图案中的商品图片、文字和背景的配置，吸引顾客注意作为首要标准，同时直接推销品牌。包装图案对顾客的刺激较之品牌名称更具体、更强烈、更有说服力，并往往伴有即效性的购买行为。根据相关调研，它的设计要遵循以下基本原则：

形式与内容要表里如一、具体鲜明，一看包装即可知商品本身。

要充分展示商品。主要采取两种方式，一是用形象逼真的彩色照片表现，真实再现商品。这在食品包装中最为流行，例如巧克力、糖果、食品罐头等，逼真的彩色照片将色、味、形表现得令人馋涎欲滴。二是直接展示商品本身。全透明包装、开天窗包装在食品、纺织品、轻工产品中是非常流行的。

要有具体详尽的文字说明。在包装图案上要有关于产品的原料、配制、功效、使用和养护等的具体说明，必要时还应配上简洁的示意图。

要强调商品形象色。不只是透明包装或用彩色照片充分表现商品本身的固有色，而是更多地使用体现大类商品的形象色调，使消费者产生类似信号反应一样的认知反应，快速地凭色彩确知包装物的内容。

要注意功效设计。包装图案中的功效设计主要表现在以下方面：
保护性能设计，主要包括防潮、防霉、防蛀、防震、防漏、防碎、防挤压等。
方便性能设计，包括要方便商店陈列、销售；方便顾客携带、使用等。
推销性能设计，即无须销售人员的介绍或示范，顾客只凭包装画面的“自我介绍”就可以了解商品，从而决定购买。

—— 引自《包装设计要求》

中外图案有着悠久的历史，文化底蕴丰厚。最早出现图案装饰的包装容器应该是彩陶，随后，各国形成自己的特有文化，从最开始记录人类劳动生活开始，一直演变到装饰图案，这经历了上千年的蜕变。例如中国的青花瓷器、龙凤呈祥寓意吉祥如意，灿烂的敦煌文化。又如中美地区的象形文字、伊斯兰独特的花形装饰图案、印加文化图案。

装饰图案是指在画面效果上能够得到赏心悦目的美感和有吉祥美好寓意的图案。这些图案是通过对表现对象的特征强调、归纳简化、夸张变形、移动组合的手法，使形象既保留原有的特征又高度图案化，便于装饰各种不同包装的画面空间。

Little & Company Valentine 设计的火柴包装

Little & Company Valentine 设计的火柴包装，将平淡无奇的火柴盒增加了无限的趣味性，张扬的色彩与个性的图案相结合，将渺小的火柴盒强大起来了。

PINK DOOR 有机肥香皂包装设计

PINK DOOR有机肥香皂包装采用古典花纹，铜版纸包装，精致华丽。

LUCIA香烛包装设计

不同花纹展示不同味道的香薰蜡烛，识别性强。

SUPER包装设计

SUPER包装设计，铁盒材质，装饰花纹，别致典雅。

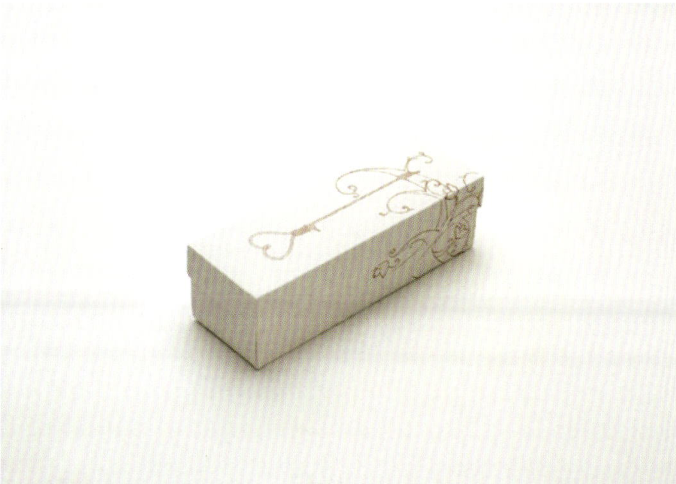

现代包装设计主要是视觉信息的一种传达，它要解决产品品质的说明、企业形象的宣传以及产品的促销问题。它是将现代人审美要求、生活需求和销售需求的多元化整合。一般而言，包装设计视觉形象通过文字、色彩及图案等设计要素展示，消费者通过必要信息进行阅读、辨认与识记等，进而通过一系列的意识、心理行为予以认知、判断，直至发生是否购买的行为活动，这就要求产品的包装设计信息要准确无误，同时要将产品定位与品牌文化结合得合理。当然，最为重要的是须符合以人为本的设计原则。

包装设计除了满足共性的设计原则外，个性化风格的包装能够令消费者留下深刻印象并为之所青睐。简单的字体、色彩或图案的个性化并不能成为个性化风格的包装设计，而是一种将信息传达、设计审美、企业文化及品牌推广等进行科学、合理综合的整合化设计，体现出合理良好的科学性与艺术性。

Chris Trivizas请柬包装设计

由希腊设计师Chris Trivizas设计的结婚请帖。按照希腊的传统含义，在希腊挂起来常喻为“我们将要结婚”，这个传统而又幽默的设计，通过绳索打结的方式，巧妙地诠释了这一神圣主题。

轻松的插画风格

插话艺术有着悠久的历史，最早的插画形式可以追溯到日本江户时代的民间版画浮世绘。插画艺术，看似平凡简单，但记载着历史、传承着文化。19世纪初，报刊、图书产业发展起来，极大地刺激了插画发展，受抽象主义画派的影响，从具象转变为抽象。直到19世纪70年代又转回写实风格，在商品经济时代的影响下，插画已融入商业，明显体现在包装设计方面，给现代包装设计注入一股唯美的清泉。

插画艺术以其独特的表现形式、真实的生活感、直观的形象、动人的感染力在现代设计中占有稳定的位置，插画艺术源自绘画艺术，强有力的感染力感染受众群体，它借鉴绘画艺术的表现技法，运用图案表现形式，遵循审美统一的原则，采用线条、形态清晰的表现方式，形成自己的插画风格语汇融入现代包装。

包装本身就担负着推销的责任，结合现代插画风格，以单纯、清晰、易识别、有感染力的特点，打破产品与消费者之间的陌生感，打破语言和国界的限定。通过具象的情感化的处理，深层次的视觉化加工，融入个人丰富的情感，将产品包装完美呈现给消费者。从而产生互动、产生情感，它不但有利于人们对产品认识和了解，更能体现产品质量，间接传达产品品牌的内含，从某种意义上来说，插画风格包装是将情感融入最到位的一种表现形式。

ARTIST 限量款白酒包装设计

ARTIST 限量款白酒包装设计，整体瓶形相对保守，瓶子正面采用插画手法，美女、复古高跟鞋、动物、婚礼成为画面内容，视觉冲击力极强，每一瓶讲述的都是一个不同的故事，将白酒整体笼罩上神秘、古老、感性的味道，极有收藏价值。

香水包装设计

MITED EDITIC限量版香水包装设计，整体瓶形大胆采用插画风格，视觉冲击力极强，根据不同味道采用不同插画，深受年轻消费群体的喜爱。

洋酒包装设计

苍劲有力的线条突出了这款酒的烈性，它以故事性的语言、配以插图来讲述这款酒的历史，增添它的趣味性。

Bella 巧克力包装设计

插画风格充满了怀旧色彩，每一款都是一个美女，变化且多彩。

FIXED AT ZERO CD包装设计

整体 CD 包装采用插画风格，猫头鹰成为画面的主角，极强的手绘功底，将CD的灵魂展现得淋漓尽致。

HM衬衫包装设计

将衬衫的图案直接印在包装盒上，风格清新简洁，既让消费者一目了然，又塑造了HM年轻、流行、时尚的品牌形象。

啤酒包装设计

装饰画风格的包装设计总是能让我们一眼就看到它。

CACAO产品包装设计

将产品的原材料以手绘的方式展现给消费者，目的是传达原滋原味和货真价实的品质，是介绍该产品最佳的方式。

Zapovidna红酒包装设计

Zapovidna红酒是一款有着悠久历史的红酒品牌，外包装采用同款插画风格，略显神秘风采，渗透出悠久的品牌历史，同时显示给消费者的是孤傲与深邃，尽显与众不同的奢华享受。

海盗主题的包装设计

文字是最原始的图形，能将文字的编排创作出海盗的感觉，个性的气质鲜活地展现出来。

白酒包装设计

漂亮的插画不仅能完美体现设计师的创意，让包装也变得独特、有趣。

ABSOLUT
Limited Edition
LONDON
a Jamie Hewlett Collaboration

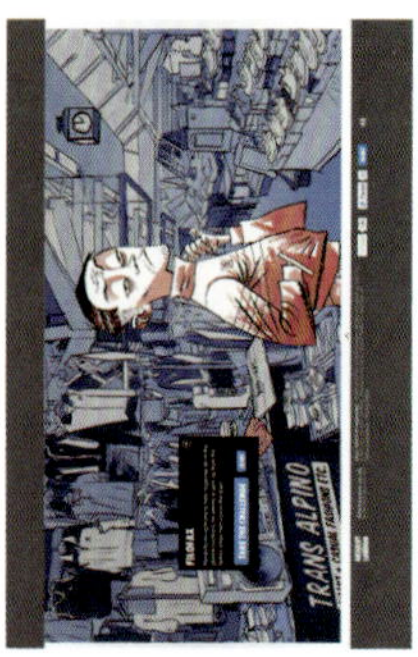

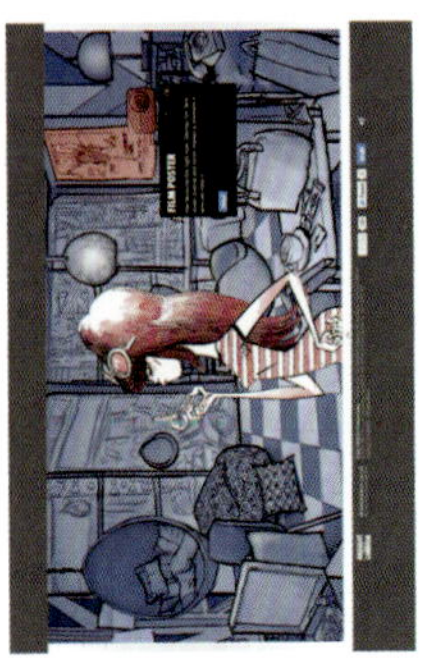

ABSOLUT
Limited Edition
LONDON
a Jamie Hewlett Collaboration

摄影的表达最直接

摄影是将实际存在的景物在平面里得到影像的记录或反映的过程。摄影应用于现代包装设计早已成为主流，因为它可以直接地反映出商品的面貌和特征，配合特定的环境气氛，直接触动消费者的购买欲望。

摄影艺术是关于真实造型的艺术表现，是世界各地应用最广泛的包装风格。摄影的手法也更加多样化，高清写真、蒙太奇组合以及超现实主义的表现都是常见风格。一些以风景为主的图片也成为包装设计的常客，以独特的自然景观、真实的自然写照来展现产品的独特格调。

一般摄影表达适合奢华气质、真实情感、格调优雅、质朴纯粹的产品。

德国茶饮料 AUREA 包装设计

德国茶饮料AUREA同样采用摄影手法作为包装设计的主体风格，设计师将多张摄影图片拼凑成一个简单可爱的图形，这是一个摄影艺术与图形艺术结合的成功案例，既生动可爱，又不失商品原材料的真实感。

茶叶包装设计

将茶叶的原产地拍得美美的放在包装盒上，清晰地告诉大家好茶源自好地方。

Petrocoll抹刀腻子包装

看似是毫无关联的美女与腻子，可能因为这美女的魅力会给无聊的施工带来一丝情趣，才吸引着广大消费者。

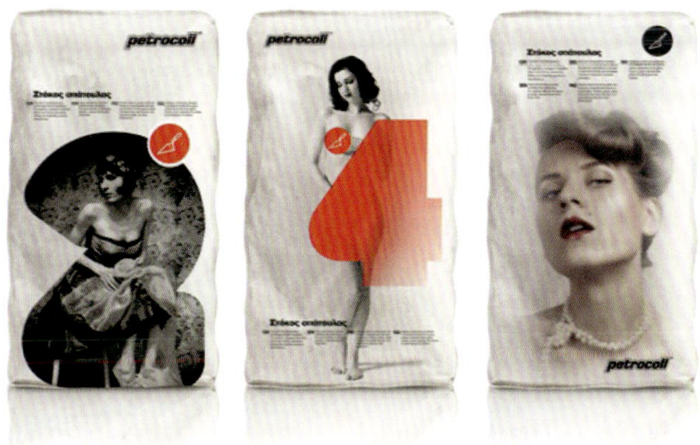

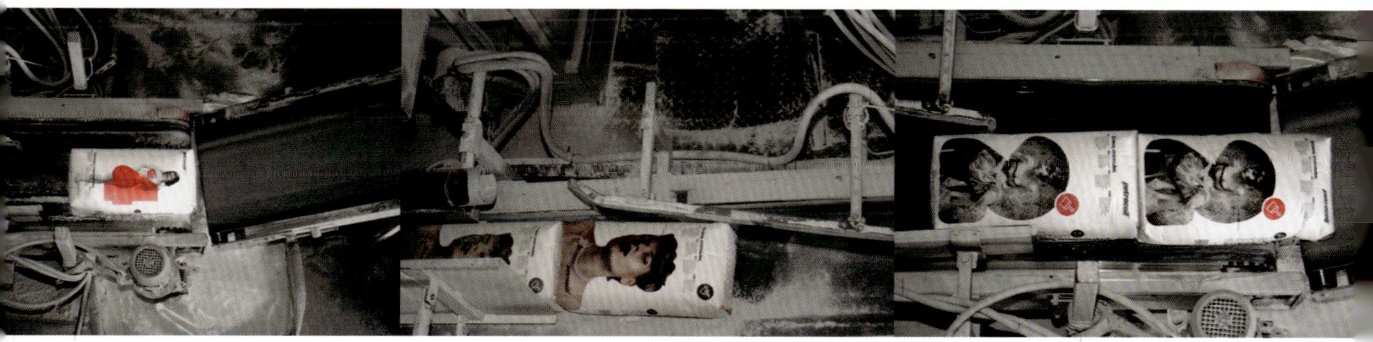

One.5 Tequila 包装设计

包装做得如此特别，一定会吸引很多潮人。

+more果汁包装设计

跳跃的颜色吸引眼球，真实的水果形象汇成+more果汁包装设计。

饮品包装设计

简约而不简单，用最真实的影像展示矿泉水源自大自然。

HO 洗护产品包装设计

对于真实的锈迹斑斑毫不掩饰，反而通过摄影的手法直接展现出来，强调出产品的手工功效。

五、丰富的情感

现代设计更加注重情感和个性的体现，新的设计思潮引入了“以人为本”的理念。设计师已从单纯的传达信息的通信员，开始成为协调各种设计元素，使包装设计充满情感的导演。总而言之，设计师通过思想、情感的表达赋予产品包装的内涵，从而消费者才能理解并引发共鸣。

DUMBBEL 运动饮料包装设计

Marcel Buerkle果冻包装设计

南非 Marcel Buerkle 包装设计作品，整体造型如刚切开的橙子、猕猴桃，……顶面的果肉肌理十分诱人，看了就要流下口水。

触动消费者的“心弦”

触动消费者的“心弦”，是指通过视觉、味觉、触觉等方面刺激消费者，调动其购买欲望，站在消费者的角度来考虑，在购买前先感受一番产品包装带来的美妙，想必会是一件很开心的事情。

要想触动消费者的心弦，首先要触动其视觉，也就是术语视认度。视认度是讲配色层次的清晰度。而什么是视认度呢？它主要讲的是色彩本身的醒目程度和配色层次的清晰度，在包装设计领域，良好的视认度显得尤为重要。

TURE空气清新剂包装设计

TURE空气清新剂，采用普通瓶形，巧妙地将水果的造型嫁接在瓶子上，整个瓶子以白色为主，清新自然。不同口味采用不同颜色字体，整体包装设计与空气清新剂的产品定位非常符合，顶部采用柔软的水果肌理作为喷雾器，接触到它倍感舒服，符合人机工程学。

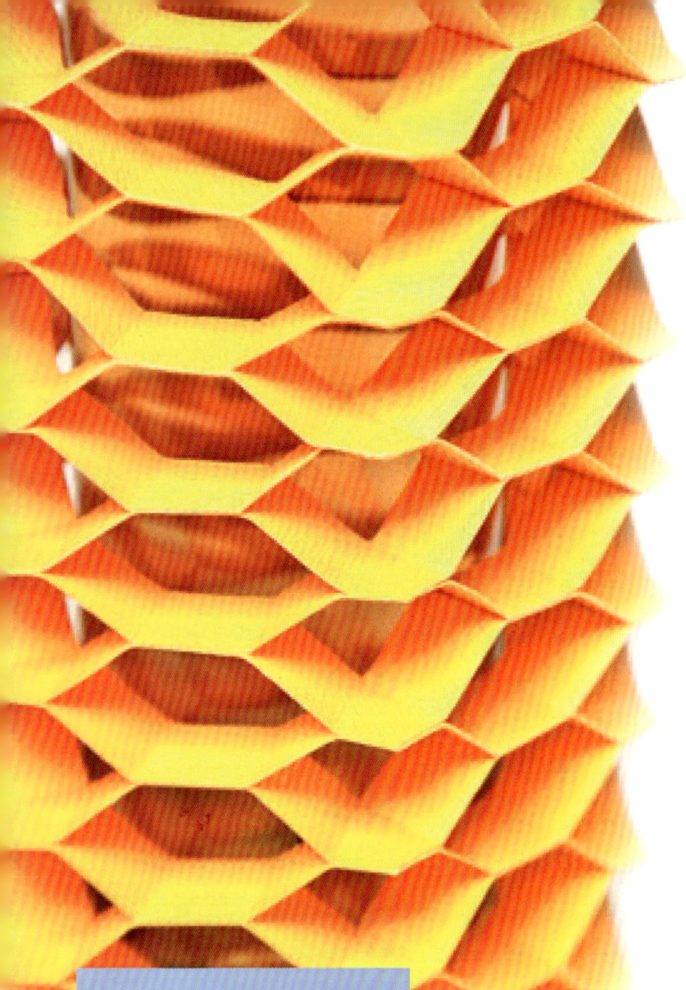

HONEY MOON 蜂蜜包装设计

HONEY MOON 蜂蜜包装设计以蜂窝为设计原型，作者巧妙地将蜂窝与瓶子容器结合，向消费者传达准确无误的信息，并且通过包装向消费者说明该产品源于自然，没有任何化学添加剂，真正做到了触动消费者心弦。

在设计领域中，惯性思维侵占了我们的创新领域，尽管它给我们带来了经验与效率，但它也给我们带来了平凡。比如电脑包装，科技宇宙成为了表现元素，但总觉得不能触动消费者心弦，多站在消费者的角度来思考，不断地多听听别人的意见，体会生活，融入情感，才会做到“设计不断电”，创作出真正触动消费者心弦的包装。

日本色彩学专家大智浩，提出如下八点要求：包装色彩能否在竞争商品中有清楚的识别性；是否很好地象征着商品内容；色彩是否与其他设计因素和谐统一，有效地表示商品的品质与分量；是否为商品购买阶层所接受；是否有较高的明视度，并能对文字有很好的衬托作用；单个包装的效果与多个包装的摆放效果如何；色彩在不同市场、不同陈列环境是否都充满活力；商品的色彩是否不受色彩管理与印刷的限制，效果如一。

Smirnoff 果味酒包装设计

设计师将不同口味的酒都穿上了代表自己特点的衣服，主要是为了明确地区别口味。而且，在打开它的那刻，就像是在为新鲜水果剥皮一般，让消费者由内而外地被触动了。

耐克包装设计

巨大的巧克力鞋盒，消费者看见它一定会眼前一亮。设计师这样天马行空的创意给消费者带来了强烈的视觉震撼。

新奇的“陌生感”——让心灵去坐过山车

新奇的“陌生感”——让心灵去坐过山车，是来形容一些商品包装造型新颖奇特，明显有别于同类商品包装，让消费者一时没有看明白原委，但知晓其创意特点之后，恍然大悟，使其留下深刻的印象。

新奇的陌生感是设计师将两种或两种以上且毫无关联的东西结合在一起，经过巧妙的组合，让消费者感觉到协调、趣味、有创意。

电池形调味包装设计

将可爱的电池造型作为盐、胡椒粉的容器，将生活趣味化，让无聊的锅碗瓢盆四重奏重新充满活力起来，视觉冲击力强，是一款令消费者感到新奇陌生感的成功设计。

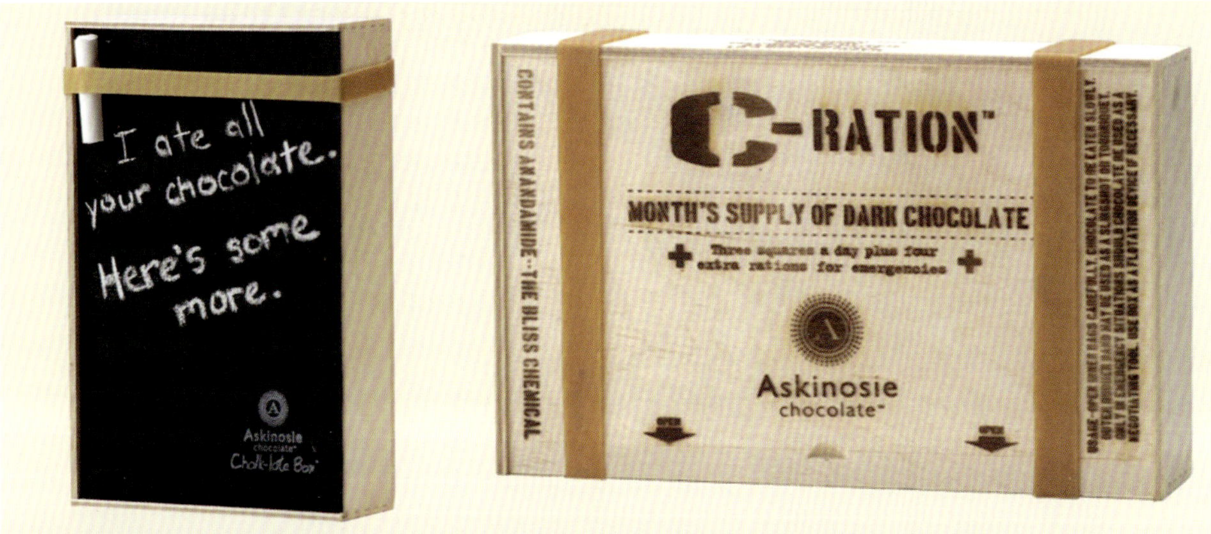

Askinosie包装设计

一款复古的巧克力包装设计，陌生感、新奇感仍在。

Anti-Theft 快餐包装设计

这是一款采用抒发自嘲精神的包装设计，试问有谁敢卖给顾客发霉的三明治呢？Anti-Theft 快餐有这个胆量，正因为它有自信，所以才会采用“发霉”的包装向顾客展示，让顾客吃惊的同时又会爱上这款三明治，从视觉上、心理上都叫顾客大吃一惊！

笔记本包装设计

看似一袋切片面包，实则一片片并非面包，而是做成了与面包片大小相同的笔记本，其封面的色调与面包色泽十分接近，包装方式只是模仿了面包的包装，成功地吸引了消费者的注意力，完成了让消费者疑惑到恍然大悟再到欣喜接受的整个过程。如果买回家，恐怕真的会当面包吃掉哦。

创意毛巾包装设计

设计师Hannah Jor为毛巾设计了一个铅笔形的包装，因为毛巾的诉求点在于其清洁性能，而让毛巾看起来就像橡皮擦一般，以此突出毛巾的清洁实力。

JOHNNY CUPCAKES FROSTING
T恤包装设计

拿油漆桶作为T恤包装盒，尤其是外面流露出来的油漆，形象更是逼真，真的能够给人目瞪口呆的感觉。

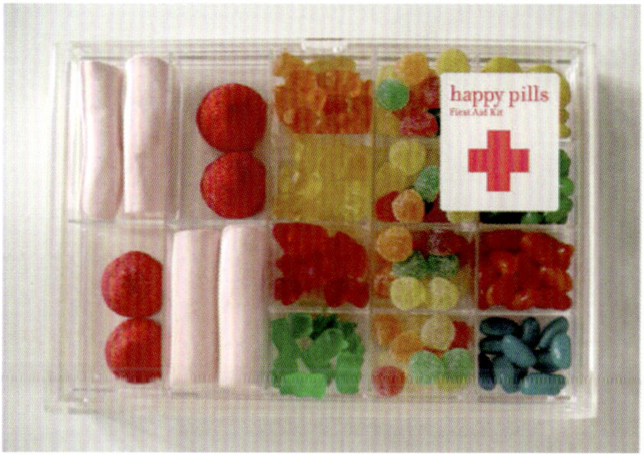

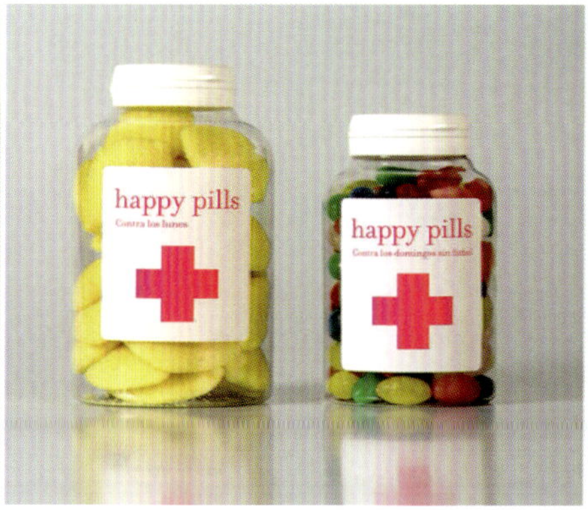

开心药丸—糖果包装设计

如此可爱的设计当然不是让我们抗拒的药了，一颗颗跳跃的颜色，五彩缤纷，总是能给消费者带来欣喜。这种既陌生又新奇的感受是消费者最想得到的。

野餐包装设计

这是一款新奇的野餐盒设计，以日常男士所用的公文包作为基础，外部配上趣味性的画面，吸引了消费者的眼球，内部可利用空间大，实用性强。

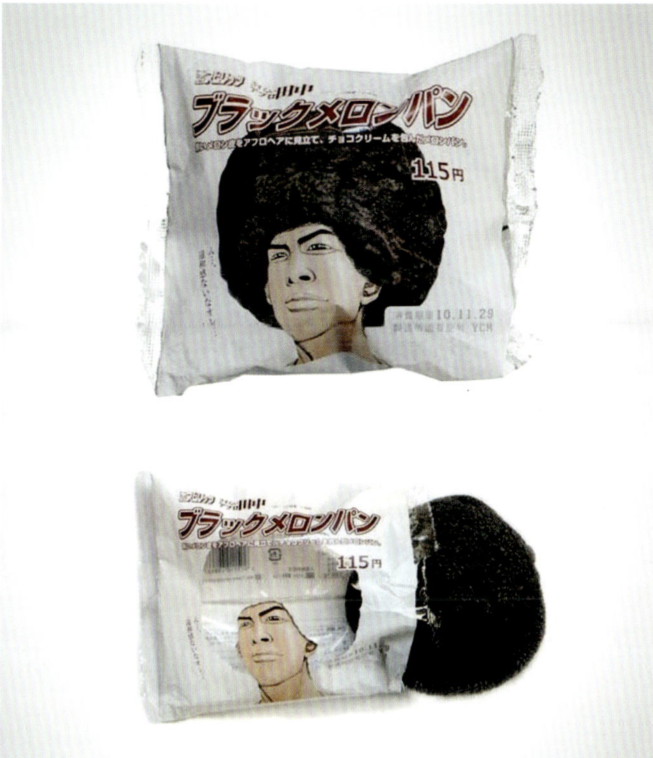

这是一件日本的面包包装袋设计，包装理念有新意哦，面包的特点是色泽呈黑褐色，塑料袋正面的人物插图，夸张的爆炸发型部分为透明，面包置于其中正好填充了头发的质感，幽默感十足，在未拆开包装时，显得好夸张，拿出后即可享受美食，同时也为消费者展现了商品的样貌。

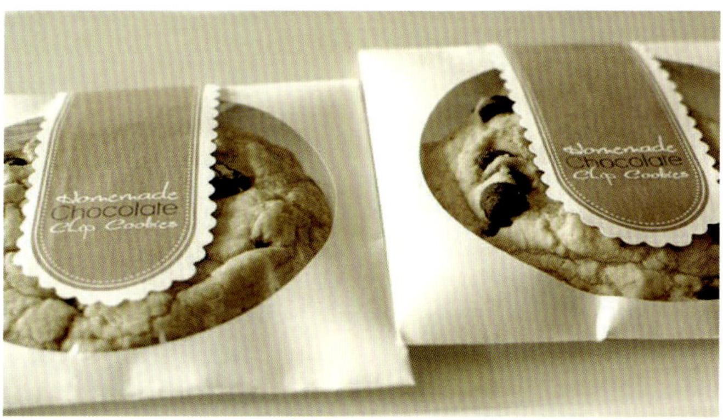

巧克力饼干包装设计

“开口”的艺术——里应外合，夺人眼球

“开口”的艺术，实际上是因为商品要突出展示效果，所以常留下一些透明的窗口，为消费者提供商品原貌的展示，而恰好这一部分，可以成为我们设计的着眼点。设计师需将“开口”恰如其分地融入包装整体，这也是设计师创意能力的一种表现。

【韩国烘焙包装】白色方形带窗口手提蛋糕盒

自行车链条包装设计

将这么有力量的产品设计成如此柔美的感觉，是有挑战的。

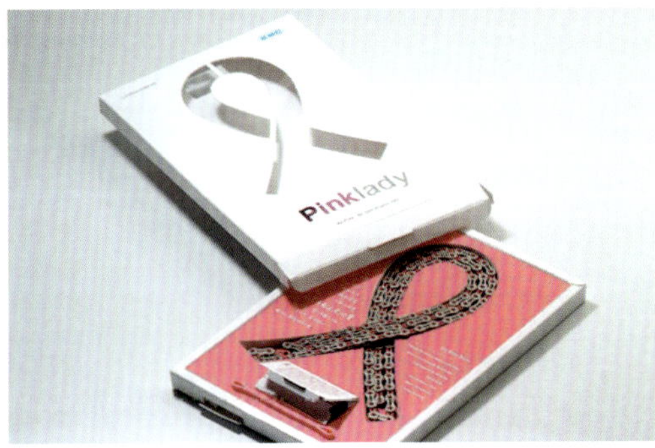

日本传统鱼脯食品包装

设计师Masahiro Minami从鱼鳞或渔网结构中得到灵感，将网状部分是叠合在一起，向两头拉扯时即成网状。既能够向消费者展示食品的新鲜程度，又能够令该产品的包装设计趣味性十足。

趣味性的表达——找到情感的共鸣点

趣味表达就是用幽默的展示手法来取悦消费者，效果如能做到“一包惊人”，“会心一笑”，那么包装趣味性表达就是一条通往成功的快乐之路。例如卡通形象的盒子就远比普通盒子吸引人，在展现商品性格的同时，勾起了消费者童心未泯的情趣。

趣味性包装在设计时要考虑产品定位，儿童产品、生活用品、食品、饮品等适于选择趣味性包装，将产品定位与包装设计融合成一个问题来考虑。进行趣味性包装设计，首先考虑产品的突出特点是什么，包装着眼点在哪，将以问题考虑清楚，才能设计出幽默风趣的包装设计。

趣味性包装以亲和力、新奇感深深地打动着消费者，消者被它的视觉魅力和情感魅力吸引着，消费者在获得信的同时，享受着美、体验着快乐。由此可见，趣味性在装设计中具有非常重要的意义。

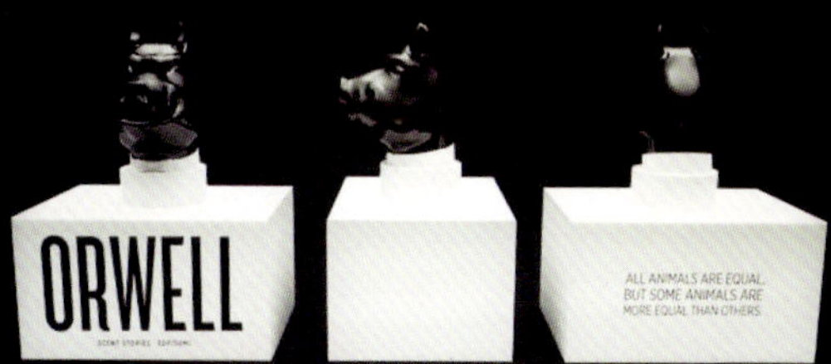

Scent Stories 男士香水包装设计

“凶神恶煞”的怪物们做得如此精致，既出乎人们的意料，又非常符合男士香水的定位，真的是很具有收藏价值。

What's
your name
?

M:I:K
MISSION: IMPOSSIBLE
KAGUYA

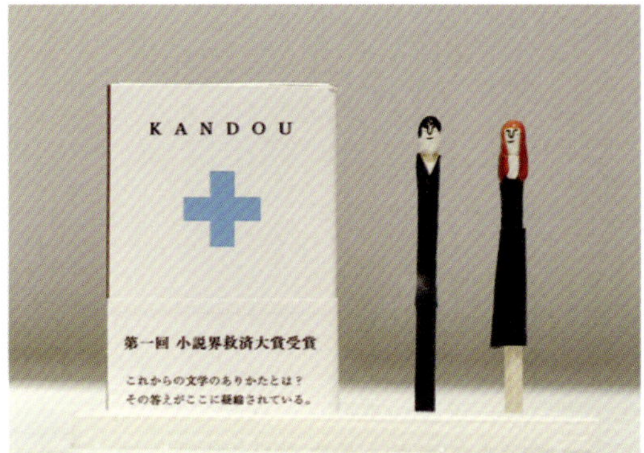
KANDOU
第一回 小説界救済大賞受賞
これからの文学のありかたとは？
その答えがここに凝縮されている。

DANGER

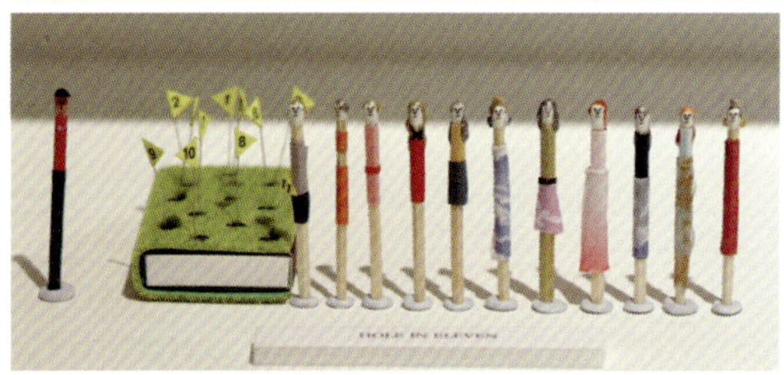

日本火柴包装设计

这是一款非常特别的火柴，设计师将该款火柴艺术化，融入了日本的本土文化、现代文化，极富趣味性，看到这款超棒的火柴，你被秒到了吗?

本章小结

优秀的包装设计作品是在遵循正确、适当、美观的原则下，将产品的商标、图形、文字组合成为一个完整的画面。

在包装设计中，不仅要保护产品、传递信息，更加注重情感的交流，只有将独特的创意、信息的传递、个性的外观、直观的表达、丰富的情感结合得恰到好处才能设计出完美的包装。

第四章 Chapter four

量体裁衣
——创新包装中新材料的介入

- “亲切熟悉”的包装材料
- 日新月异的新材料

现代的包装设计材料运用十分广泛，大多数是我们所熟知的，它们的特点、性能各不相同，在材料的大家庭里各显其能。包装材料指用于制造包装容器和构成产品包装的材料的总称，包括纸、塑料、玻璃、金属、木头、陶瓷和布等原材料以及黏合剂、涂覆材料等各种辅助材料。材料应用知识是包装设计师的必修课，是在考验设计师是否具备设计技能与经验的试金石。掌握包装材料的性能，对于选择包装用材、合理地包装和实现包装的科学防护，都有非常重要的意义。

包装设计效果的体现是根据包装材料的应用。随着材料科学技术的进步，商品包装所用的材料制品品种繁多，新型材料层出不穷，作为从事现代包装设计的人才，必须懂得常用包装材料的主要性能，了解这些材料的加工工艺性能。

第四章：量体裁衣
——创新包装中新材料的介入

关键词　常用材料　新型材料

一、“亲切熟悉”的包装材料

“纸”因有你

姓名：纸

性格：柔软度高、造型百变、强度高、含水率低、透气性小、无腐蚀作用、卫生无菌、无污染、方便存储。

家庭状况：牛皮纸、中性包装纸、玻璃纸、黄纸板、白纸板、灰纸板、胶版纸、铜版纸、涂蜡纸、漂白纸、瓦楞纸、纸浆模塑件、窝蜂纸板。

能力：适用食品、药品、酒类、服装、玩具、粉粒状态等大多数常见包装。

教育背景：牛皮纸为硫酸盐针叶木浆纤维或掺加一定量纸浆制成。中性包装纸用未漂 100% 硫酸盐木浆或 100% 硫酸盐竹浆制造。玻璃纸以天然纤维素为原料制成。胶版纸含有少量草纤维及木纤维。铜版纸用面、木纤维制成。涂蜡纸在玻璃纸上涂蜡而成。漂白纸将软木和硬木混合的硫酸盐木浆，漂白制成。瓦楞纸内芯层次似瓦楞而得名。

Askinosie Chocolate使用纸为主要材料，硬纸筒作为主体包装，在设计风格方面选择了二战时期美军军用口粮的样式，增加了观者的印象。

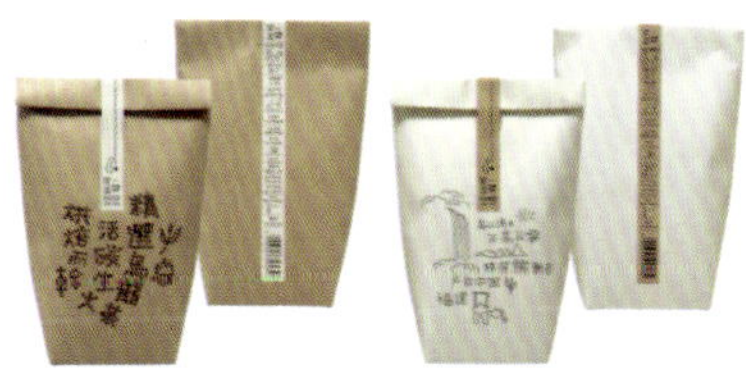

一缕茶香茶包装

采用牛皮纸作为主要材料，“精选乌龙茶、活碳生火、烘焙而干”简单的几句话，没有采用写的手法，而是用点烫的方式来呈现，凸显了牛皮纸特有的质感和风貌。精心的设计透露着生活的平淡与不平淡。

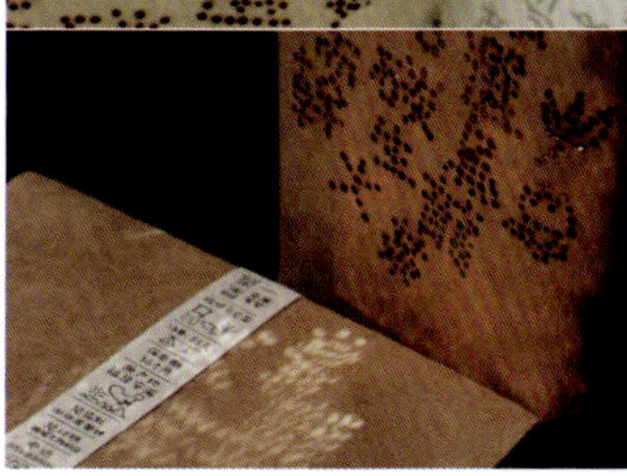

巧克力包装设计

五彩缤纷的包装设计，可爱甜蜜。

在选择包装材料时一般需考虑以下问题：内装产品的物理形态与化学属性；流通销售中对内装产品功能质量的保护要求；材料的加工工艺性能与使用性能；材料的卫生品质、材料与产品相容性；包装外部的装潢与印刷要求；包装材料的环保性与经济性等。

因此，作为包装设计师，熟练掌握包装材料的性能，对于日后进行包装设计有非常重要的意义。

Chocolate Ecopack巧克力包装设计

采用瓦楞纸作为主体材料，结合该材料的性能特点，巧妙运用弹簧作为基本形，外形趣味性十足，配以麻绳打结，做出复古的效果，塑造出精致、趣味、典雅的形象。

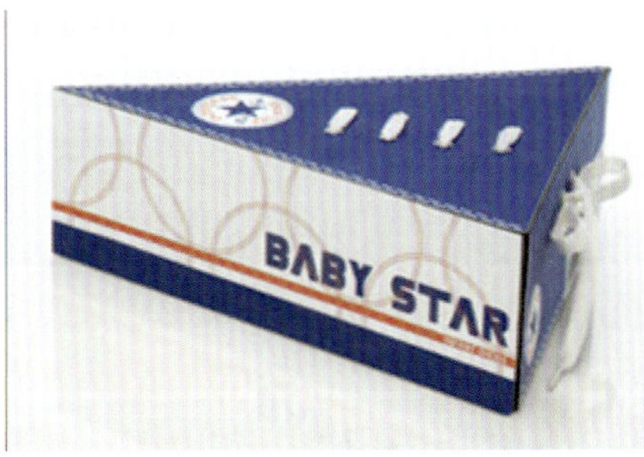

匡威童鞋包装设计

采用硬纸作为主要材料，包装结构为天蓝色三角形，造型简洁精巧，所有纸材均运用硬朗直线切割，准确地对包装对象分析定位，十分符合匡威童鞋的特点。

DIY礼品盒子

由 Fabio Milito和Francesca Guidotti设计的盒子可以说是一款DIY设计，以铜版纸作为主要材料，上面印有不同的英文字母，消费者可以根据自己的想法、对方的近况来写出自己所想表达的话语，配上精美的花朵，显得如此的别致。

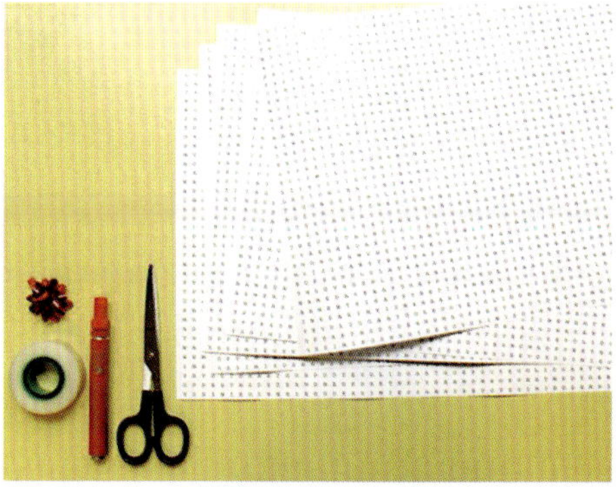

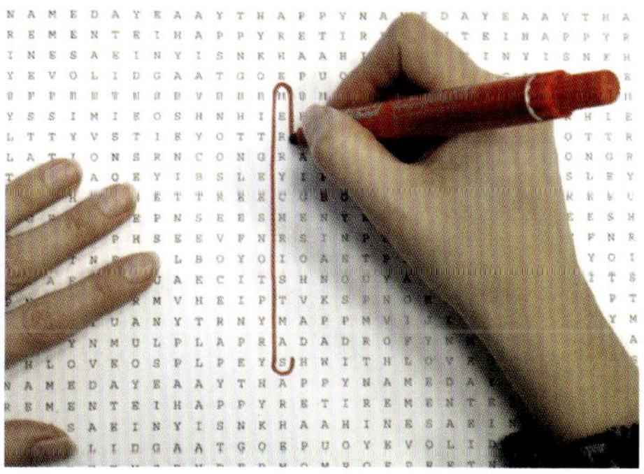

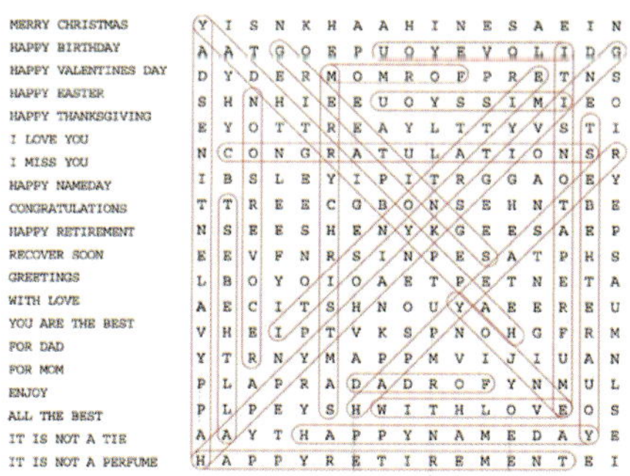

quality cafe包装设计

采用皮纸袋作为外包装，色调和承重方面都比较适合，又营造出古老、深邃之感。

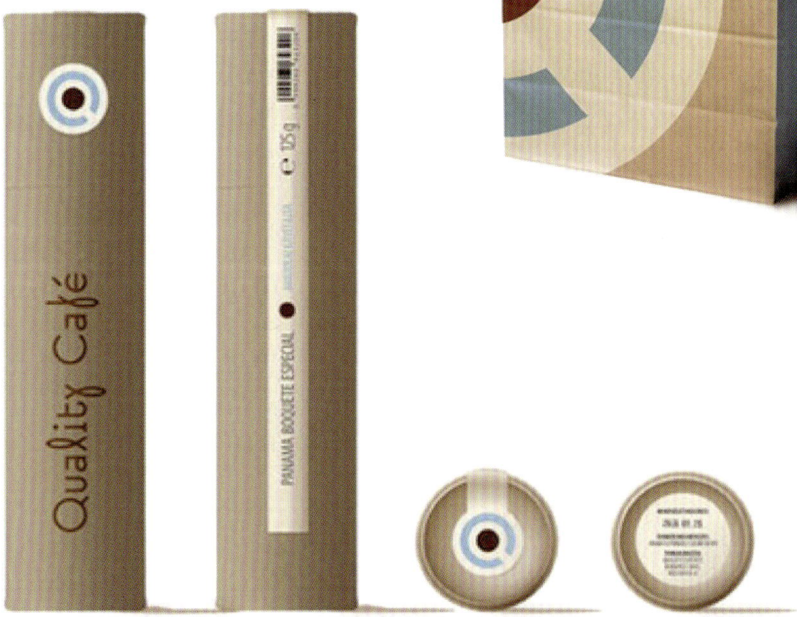

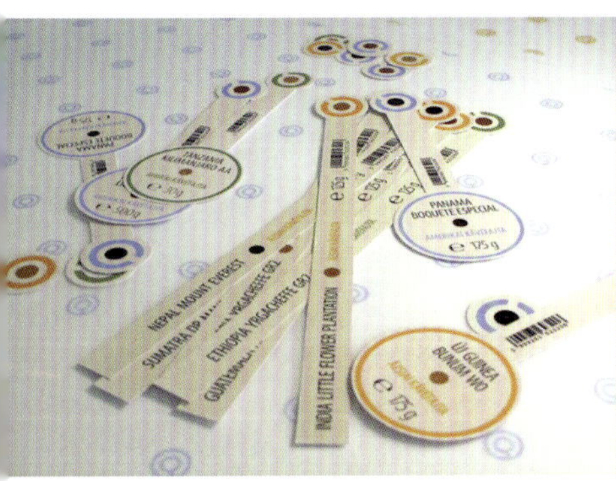

水壶包装设计

本身此款水壶造型就非常独特，设计师在考虑特殊造型的前提下，奇思妙想，在顶部创造出两只翅膀，壶嘴又好似小鸟的嘴部造型。

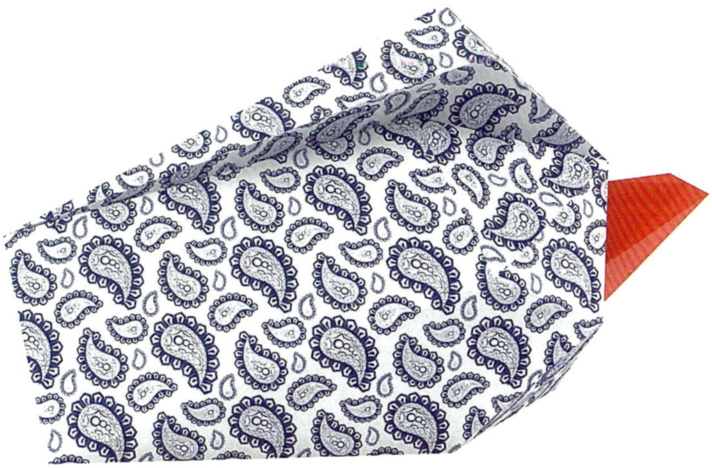

发展潜质：纸材料是一种柔软的、可塑性强的、便宜的材料，唯一的缺点就是韧性差，纸艺术已经成为当代艺术家所着迷的其中一种，在商业时代，我们设计师可将艺术大胆地融入商业，将纸艺术融入现代包装之中。

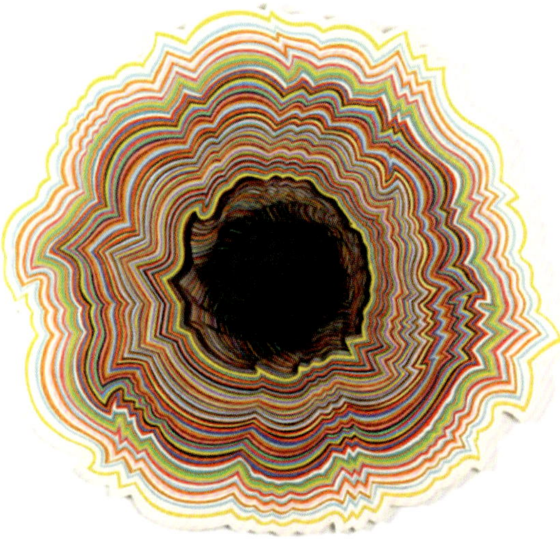

百变的塑料

姓名：塑料

性格：塑料质轻，化学性稳定，不会锈蚀，耐冲击性好，绝缘性好，导热性低；一般成型性、着色性好，加工成本低；大部分塑料耐热性差，热膨胀率大，易燃烧；尺寸稳定性差，容易变形；多数塑料耐低温性差，低温下变脆；容易老化；某些塑料易溶于溶剂。

家庭状况：塑料薄膜、热塑性塑料、热固性塑料。

能力：可用于食品、饮料、洗涤用品、化妆品、化工等产品包装。

教育背景：厚度低于0.02mm的为塑料薄膜。热塑性塑料加热时可以塑制成型，冷却后固化保持其形态，这种过程能反复进行，即可以反复塑制。热固性塑料加热时可以塑制成一定形状，一旦定型后即成为最终产品，再次加热时也不会软化，温度升高则会引起它的分解破坏，即不能反复塑制。

One Village Coffee 包装设计

这是一款带有乡村风情的咖啡包装设计，采用塑料材质、柔版印刷，便于储存和运输，在消费者使用时，便于开启，开口处选择卷纸式，便于日后贮存。

Krc Ko系列休闲食品包装设计

充满童趣的包装总是惹人喜爱，一般膨化食品都选择用塑料材质进行包装，在强大的压力下能锁住内部空气，叫这些脆弱的小食品在最大空间内保持原有状态，质量轻，化学性稳定，Krc Ko系列休闲食品包装设计采用柔版印刷，所以，只有你想不到的，没有你做不到的。

现代塑料包装结构造型变化丰富多端，塑料材质经高温合成，在一定温度下保持其形状不变，因此成为众多商品包装的首选材料，现代包装设计要求塑料包装形体结构、造型款式、材质与表面处理都别出心裁。塑料包装结合新技术，聚酯塑料等新材料层出不穷，这就要求设计师完美结合视觉效果与新型材料，设计出美观、对身体无害的环保塑料包装。

海鲜包装设计

塑封是现代包装最能保鲜的一种，它随商品的形状而造型，比较随意，利用跳跃的颜色来装点，突出了该商品特点。

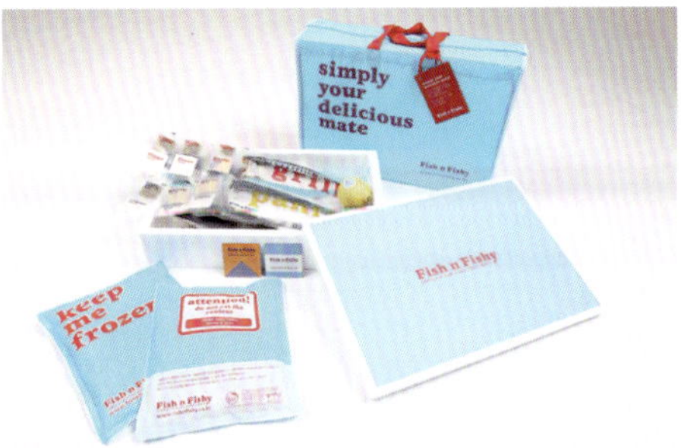

玻璃的“保护”与“被保护”

姓名: 玻璃

性格：透明、易碎、密封效果好、无菌、耐腐蚀、无毒、无味、稳定、可二次使用、品种多样、造型自由、工艺简洁便利。

家庭状况：普通玻璃、印花玻璃、磨砂玻璃、压花玻璃、夹丝玻璃。

能力：可为食品、酒类、饮料、化妆品、化学药品、医药等行业的产品提供包装瓶罐。

教育背景：玻璃是由石英砂、石灰石、烧碱等物质在高温下熔融，后经冷却获得。

啤酒包装设计

这是一款非常有趣味性的包装设计，每一个瓶子像伤病员一般打扮,同时又在向消费者传达着轻拿轻放的信息，玻璃密封效果好，能保持容器内部酒的醇香。

BIRANO包装设计

玻璃总是能给人一种干净清爽的感觉，我们能透过它看见食物的品质，它能保证食品的安全，同时，消费者也要注意玻璃易碎的特点。

STUMMPTOWN 咖啡包装设计

茶色玻璃避光性好，保证了咖啡的品质，仿旧的设计形式透露出咖啡的品牌经典，迎合消费者的购买心理。

拉达姆油包装设计

世界上第一款奢华橄榄油包装设计，采用透明玻璃作为容器材质，塑造了尊贵优雅的品牌形象，又展示了商品的真实风采，瓶身采用扁平造型，尽显独一无二，外部再采用白色盒体作为外包装，保护玻璃的运输安全，内外搭配协调，尽显高贵气质。

金属很“有型”

姓名: 金属

性格：强度高、耐割划、隔阻性能好、机械强度高、塑性变形能力强、良好的反射能力和金属光泽、遮光隔绝水、尺寸精确、形式多样、高温杀菌。

家庭状况：金属罐、金属软管、金属桶及金属箔制品。

能力：可用于食品、罐头、饮料、油脂、化工、药品、文化用品及化妆品等包装。

教育背景：金属罐是由低碳薄钢板罐、镀锡钢板罐、镀铬钢板罐和铝罐等制成。金属软管是由锡铝铅制成。制品金属箔有铁箔、软质铝箔、硬质铝箔、铜箔、钢箔五类。

金属材料是一种较坚硬的材质，重量较大，一般应用于精致包装的商品。铁艺是现代艺术的流行元素之一，将铁艺与金属包装材料融合是现代包装设计发展的新途径。

Love-Box杜蕾斯安全套包装设计

采用铁盒作为包装材料，采用普通长方形盒子，盒体装饰丰富，有一种神秘而温馨的气息散发出来。

Love-Box
COPENHAGEN
www.love-box.dk

Love-Box
COPENHAGEN
www.love-box.dk

Love-Box
COPENHAGEN
www.love-box.dk

新式铁罐包装设计

这是一款非常便利的包装，罐口处设计了方便开启的辅助拉手，开启时可延伸到罐口外部，由于是折叠式设计，省力是关键因素，所以，横向折叠方便使用者在最终拉起罐口时用力。

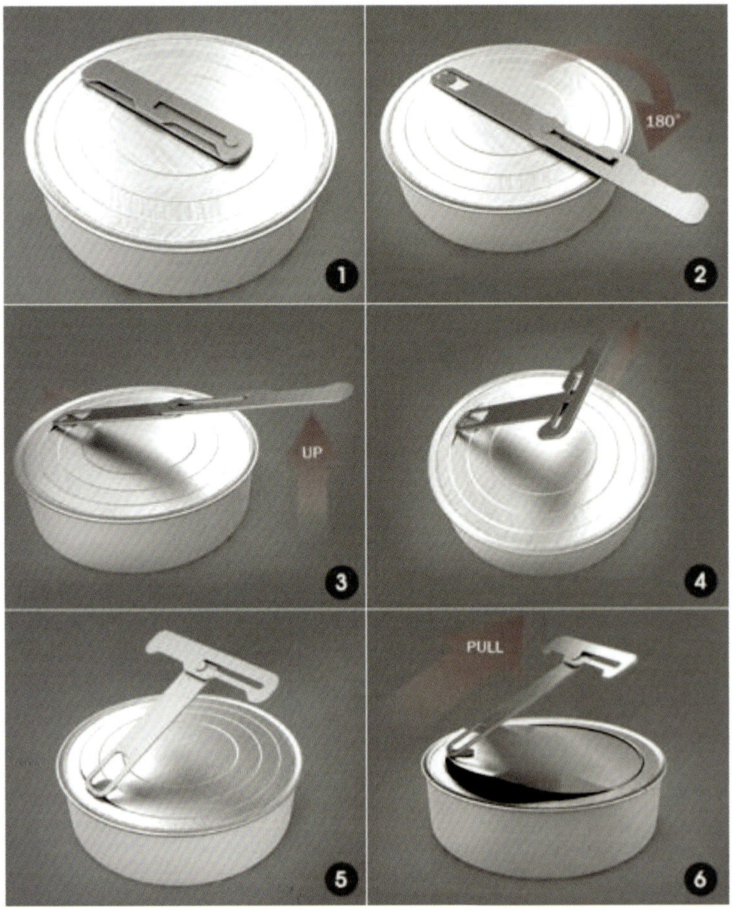

木头很“给力”

姓名：木材

性格：易腐蚀、隔热效果好、不易变形。

家庭状况：杉木、松木、香樟木、榆木、桃木、梨木、胡桃木、橡木。

能力：适用于礼品包装及化工类、酒类等包装。

教育背景：传统扣榫、直角拼接、银丝镶嵌、黄杨镶嵌针刻、浮雕、玉石镶嵌、激光雕刻、机械雕刻。

木材是常用的原始包装材料之一，在中国使用的历史有几千年了。木材早已脱离大型或较笨重机械的包装，融入到日常的生活中，轻便成为追求的目标。木材有着复古的味道，不论什么商品选择木材作为包装材料，都能演绎出古色古香的味道来。

餐具包装设计

木盒设计复古典雅，内部空间紧凑合理，排放整齐。

Keisei Takemata 儿童木质餐具

由Keisei Takemata 为NUSHISA 设计的儿童餐具。包括汤匙、筷子和木制铲叉，统一放置在一个近乎圆形的模具木盒子里，盒盖还可以作为托盘使用。可爱的餐具令孩子们在餐桌前停留更长的时间。如果你为孩子不愿意进食而烦恼，不妨试一下。

“素”月饼盒包装

秋月禅心，意味深长。中秋是中国古老的传统佳节，采用最古老的木质材料作为包装盒体，可谓是恰到好处。复古材质配以中国传统书法，让传统佳节更增添一丝文化气息。

铅笔包装设计

将不同支数的铅笔卷成不同的造型，
笔记本、圆柱体都成为它的首选。

香水包装设计

木质材料便于设计出棱角分明的造型，这款男士香水更加注重力量与个性，符合产品本身气质。

“冬青”茶叶包装设计

包装盒和厨具之间的差异是什么？在两者之间有时可以相互兼顾。现在你可以在三种尺寸和三种不同类型的木种——雪松、核桃和乌木中挑选来安置茶叶、散装调味品和粉末。简洁大方的造型，木的自然纹理让这款设计具有产品素雅的美感。

T恤包装设计

将T恤卷入木质圆柱桶内，在运输、携带过程中节省了空间，增添趣味性。

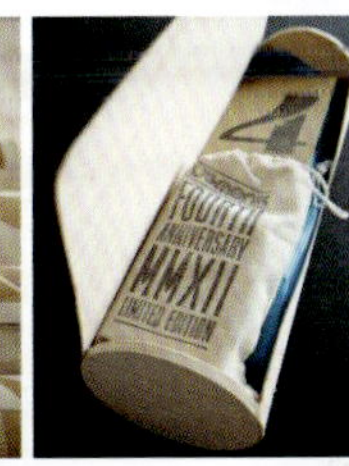

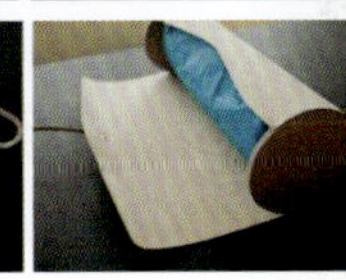

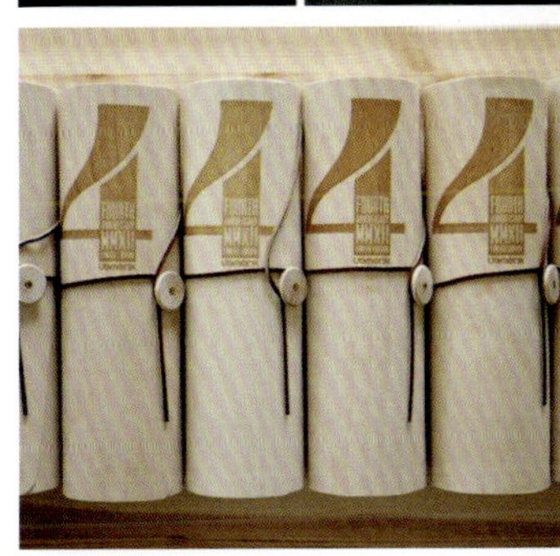

独特的乳房瓶装伏特加包装设计

欧洲人喝伏特加酒已经几个世纪了，他们通常不加冰，而是用一个小小的酒杯一饮而尽。而这个小小的瓶子正好符合了他们的要求，用女性乳房作为设计的基本形，独特、微妙。陶瓷作为包装材料，能够保障伏特加的香醇。

陶瓷“魅力”大

姓名: 陶瓷

性格：密封效果好、无菌、耐腐蚀、可二次使用、易碎、表面光滑、吸水率低、热稳定好。

家庭状况：精陶器、粗陶器、瓷器、炻器、特种陶瓷。

能力：多用于酒、盐、酱菜、泡菜、调料等传统包装，高级陶瓷可作为工艺品、旅游纪念品的包装。

教育背景：以黏土、长石、石英等天然矿物质为原料，按用途成型，并经装饰、涂釉，然后在高温下烧制而成。

陶瓷艺术是我国艺术国粹，青瓷和白瓷都体现了中国古老精湛的制瓷技术。在现代包装设计中，将泥塑和陶瓷器皿上的花纹巧妙地运用到外包装上，还运用到容器的设计中，继承并且大胆地发展了中国的传统民族文化。它针对了解本土文化的人群也面对了外来文化的冲击。我们应清楚地认识，回归并不是模仿，设计师应该取其精华，然后大胆地延展它，令这种带有民族元素的设计更具国际范，用新材料、新技术，以新方式表达包装设计风格。在包装设计中，表现传统文化风格是对传统元素加以运用，并加以适应市场需要和时代要求的改革和拓展，更多的是在宏观的观察下，对民间的艺术元素进行微观细致的采纳和吸取，将抽象变为具象，将无机变为有机。陶瓷是一种低成本、可塑性强以及造型精美的一种包装材料，所以它成为现代包装行业中一种十分常见且重要的包装材料，并被广泛运用于酒类、食品以及化工行业等。

设计销售包装的陶瓷容器必须满足如下的要求：

陶瓷容器应与被包装的商品身价相适应，它应是包装容器，而不是纯工艺品。因此，低档商品采用陶器，而高档商品则用瓷器并注意装饰和装潢设计。

造型具有陈列价值，且便于集装运输。为此，要避免与已有的商品包装重复，并注意节省空间和具有良好的强度与刚度。

密封可靠，便于加工生产和包装作业。

商标与装潢应与陶瓷容器的风格一致。

便于运输和大量生产，包装成本低。

同时应注意以下几个问题：

被包装的商品，在容器破损后不致造成公害，也不会产生任何危险。

容器造型可按前述各节的原则进行设计，但要注意在模仿中创新。

恰当选择密封盖。一般广口陶瓷罐多用陶瓷盖。包装酒类的瓷瓶可用软木塞密封，再以树脂涂料密封口部。近年来陶瓷瓶又采用塑料螺旋盖，因此陶瓷容器口上必须成型出圆形螺纹，此时密封除用前述的软木塞外，可在塑料盖内加塑料或软木制成的密封垫。

陶瓷容器的厚度可与生产厂商定，通过测量现有实物来确定。一般在设计时不进行强度计算。

按照商品的质量或容量，计算出包装容器的实际质量或容量。容器的实际容积是商品容积、塞子或盖子占据的容积以及商品与密封件之间的空气空间的容积三者的总和。

造型设计可用1:1的比例绘制草图，容器轮廓线内的容积必须等于上述的实际容积。也可在坐标纸上绘图量取。沿着容器轮廓外侧绘出容器的厚度，再根据陶瓷的密度估算出容器质量。

——引自《陶瓷包装容器》

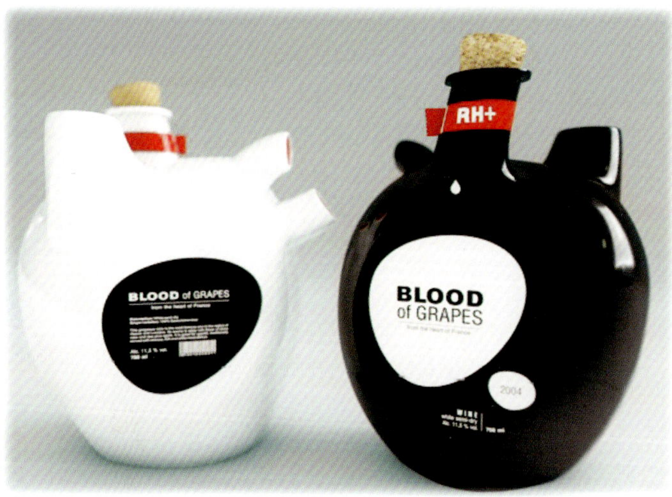

说“布”完的故事

姓名：布

性格：随意、无规则形状、质感丰富、承重能力强、便于携带。

家庭状况：棉、麻、丝、绢。

能力：保护产品、运输产品、适用于散装（除液体以外）商品。

教育背景：由棉、纤维、丝制成，同时在进行加工时缝、织也是常用到的手法。

咖啡包装设计

仿旧效果，吸引消费者。

TRUE RUN包装设计

这是一款巧克力饼干包装设计，由于饼干是个体散包装，所以采取布作为外包装再合适不过，布本身具有仿古气质，像是古代社会穿越回来的金币口袋，更增添了商品自身的神秘感。

水壶包装设计

让小水壶穿上衣服，散发迷人香气。

二、日新月异的新材料

了解新材料

包装设计从古至今经历了几千年文化，纸、玻璃、陶瓷、金属、木头、布等已成为传统的包装材料。随着人类社会的发展，环保理念、有机产品融入了我们的生活，传统包装材料已不能满足消费者的欲望，这就要求我们要开发新型材料，在节约资源、保护环境、对人体无害的前提之下研究。当下，新型的包装材料如可食性、纳米技术等研究是当前包装材料研究的热点，同时，包装材料的性能研究、新型包装材料的开发已成为包装科学最活跃的领域之一。

纳米包装材料

纳米材料的特点是高强度、高硬度、高韧性、高阻隔性、高降解性以及高抗菌能力，既实现包装功能，也实现了环保理念。

可食性包装材料

可食性包装材料的特点是质轻、卫生、无毒无味，可直接贴紧食物包装，保质、保鲜效果较好。可食性包装材料的原料主要有淀粉、植物纤维和其他天然物质。以主要原料或成分来区分，可食性包装材料的类型大至可分为五大类：淀粉类、蛋白质类、多糖类、脂肪类、复合类。

纳米金属材料

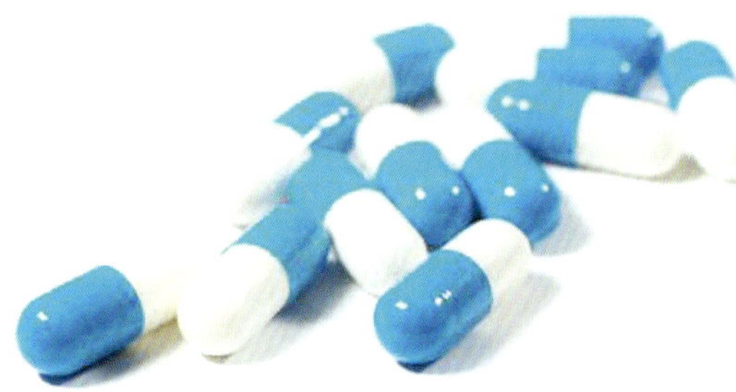

可食性材料

绿色包装材料

降解包装材料

活性包装材料

活性包装其实就是我们日常说的防腐剂，为了保证食品安全，为了使消费者不误食变质食品，科学家研究出了一些能表明食品是否变质的新型包装技术以及延长食品保鲜期的包装技术。

食品包装研究人员发现，有些材料可以吸收包装袋中的氧气；有些材料会与食物变质时产生的气体相互作用，改变颜色；有些材料在温度变化时会改变颜色等。

活性包装材料

降解包装材料

降解材料一般多指是兼有“纸”和“合成塑料”这两种材料性质的高分子材料。

绿色包装材料

绿色设计的概念始于20世纪70年代中期。随着全社会对环境与生态保护意识的增强，设计机构从对人类的切身利益与持续发展的考虑出发，把生态保护引入到新一轮的设计思维过程中。英国的一家生产洗漱用品的公司研制了最早的绿色包装设计，它在产品设计中采用了“可回收的天然原料，可充式的包装”等环保理念，便于清洁、经久耐用、可反复充装的包装设计，更加有效地解决了一次性产品对产品包装的材料浪费，因此从一定程度上也为环境减负。该产品一经推出，立刻在市场上引起了消费者的注目，他们踊跃接受了新的环保消费概念。在广大消费者积极认可环保商品的同时，包装设计师们的社会责任感也被激发起来了。在消费者与生产厂家之间，设计师担任了协调合作的角色，他们倡导的“绿色消费指南”，使社会各界更加地了解与支持环保设计；引导“绿色资本家”如何在环保的情况下获得利润。到20世纪90年代，德国、荷兰、丹麦的企业投入更多的资金用于环保设计。“Re Use Re Fill”的呼声逐渐在世界各地得到响应，许多大型企业都随时代的发展而更新生产方式，将产品设计中的环保意识提到了战略地位。例如：Philps和IBM在公司的管理体制上建立绿色设计的运作措施，并贯彻到实践中去。

环保鸡蛋包装设计

设计师的目标是设计一个使用少量材料的创新的包装。它是由自然的纸盒折叠而成。鸡蛋放入椭圆形切割口，消费者可以通过上部的转折点取鸡蛋。

为了保证大自然的环境不会过多地受到人为的破坏，包装设计师开始构思除了可以采用可重复使用的包装之外，也可以利用天然的材料来改良包装设计，使改良过的包装设计是环保可利用的。这个观念又类似于生命系统的新陈代谢，大自然本身也在进行着一些必要的循环和改变，一旦这种循环遭到毁坏导致不平衡发展时，那么为我们生命提供物质基础的大自然本身也将失去平衡乃至崩溃。因此，对包装设计的环保概念的提出不是审美的问题，而是大自然以及人类的生存攸关的问题。于是设计师们设想，如果能够使做的包装设计所用的材质能以循环的方式取之于自然，又回归于自然，从而可获得再利用或再生的机会，而不是向大自然一味地索取最后又以垃圾的形式抛回给自然，最后毁坏我们赖以生存的环境。如果能以这种可持续循环的方式使得包装真正地美化并服务于我们的生活，那么这将不仅是设计事业的幸事，也是关系到人类生存的一桩幸事。于是就包装而言，这种循环的概念，这种与环境的亲和力的理念，便成为设计师在进行包装设计时首先要考虑的因素。基于这样的设想，利用易于融解的天然材质是设计师最初的选择。粗纤维的植物在做加工处理之后，可以立即成为方便的包装。这些天然可用的材质蕴藏丰富，再生能力强，其本身有时便是最好的包装。例如：蛋壳在造型上有最好的承重能力，它开启设计师的灵感。在发展中国家，利用椰子壳设计出的碗形容器，可以巧妙地设计成为食品的优秀包装。并且，由于这些材质的相对稳定性，确保了贮存与运输的安全。

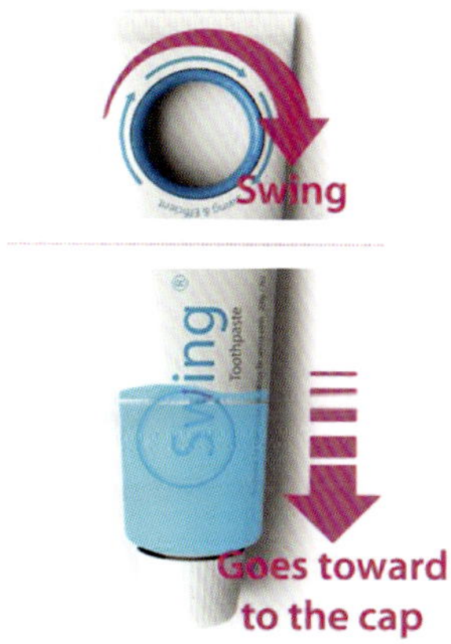

牙膏包装设计

有强迫症的同学快来看看，你是不是经常为挤牙膏挤不干净而心烦意乱呢！买挤牙膏器？但是现在有更方便的设计，直接在牙膏体上设计个圈圈，利用旋转离心力把牙膏甩到前面去！看到这，牙膏厂家乐开了花儿，一个圈可以减少多少成本！

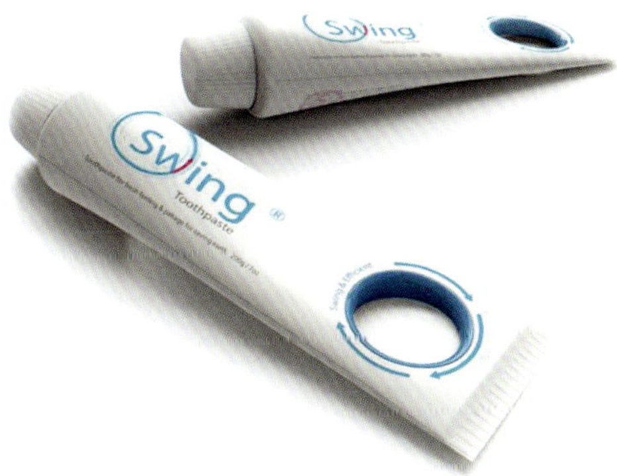

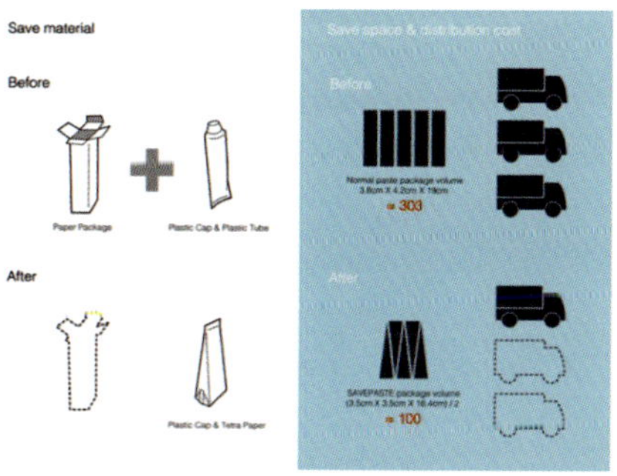

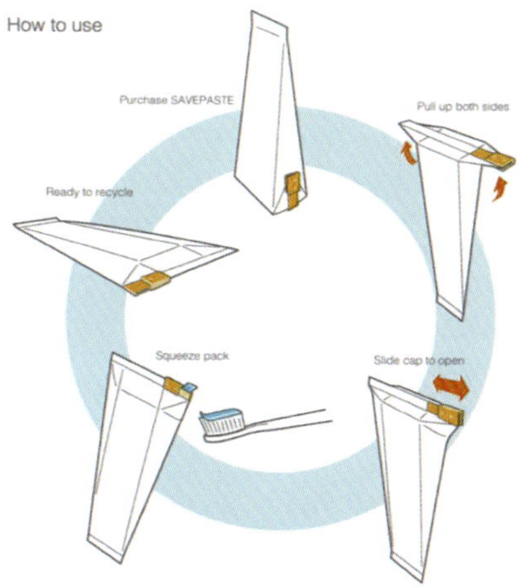

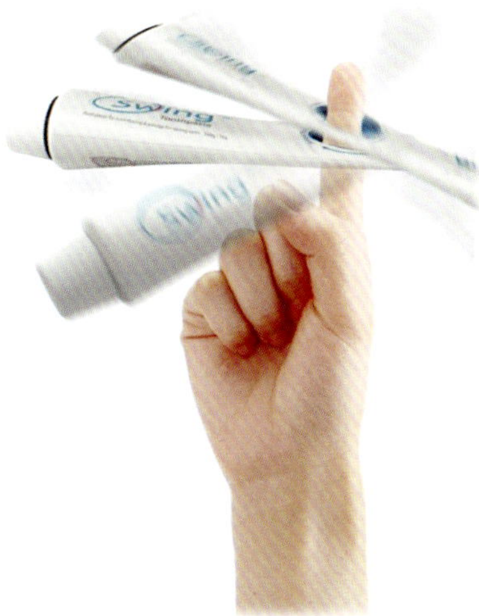

巴西morango包装设计

该设计采用可回收材料，回收后可用作花盆或再次利用，标签设计部分采用较为简洁的表现手法，主题颜色为浅色调，给人以清新宁静的感觉，该设计有3种不同含量的规格。在运输中可以以嵌套的方式运输，相对节约物流成本。

方便面的包装盒创意设计

设计师给方便面设计了一款新形包装，让外包装可以在不使用的情况下保持压缩状态，减少空间占用体积。因为桶装方便面是不少就餐时间不固定或者是就餐条件简陋的差旅人士必备食品之一。虽说桶装方便面节省了清洗成本，提高了就餐效率，但是它的储存依旧是个问题，会占用掉不少行李空间。如此一来，不仅仓储、运输成本降低了，就连垃圾收纳也能节约不少空间，还方便了使用者持握面桶，可谓是一举多得。

包装绿色环保性已经成为企业在进行包装的设计和制造时一个重要的衡量标准。一方面企业本身在进行包装和制造时使用循环可利用的材料可以做到环保；另一方面，我们所生活的环境出现了各种环境问题，所以消费者的环保意识增强，使用环保材料也能够更好地迎合消费者的消费心理，更加能使企业在消费者心中产生一种美誉度，提升品牌形象。衡量设计是否成功的一个重要标准之一就是商品的包装设计是否环保。目前大多数消费者都比较钟爱绿色环保的包装设计，但是由于环保材料比普通的材料成本要高，所以环保的包装设计还不能普遍到所有商家。所以“国家有关部门应当对使用环保包装设计的商家给予一定的优惠政策，这样才能鼓励更多的企业积极地使用绿色环保包装。在商品的外包装印上环保的标识，以提高人们的环保意识”。

Accordion Package

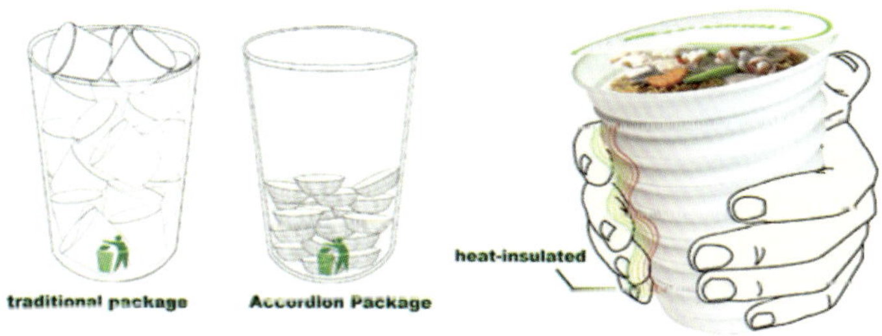

复合包装材料

复合材料将两种或者多种的材料，经过一次或多次复合工艺而组合在一起，使其发挥自己的优势做到扬长避短，从而达到一种新的材料的功能。一般可分为基层、功能层和热封层。基层主要起美观、印刷、阻湿等作用。热封层与包装物品直接接触，起适应性、耐渗透性、良好的热封性以及透明性等功能。如通过纸塑复合、塑塑复合、铝塑复合、铝塑纸复合等方法，可做成各种具有特殊性能（高强度、高阻隔性、耐油脂、防腐、防水、保鲜、冷冻、避光等）的包装薄膜或其他形式材料，满足不同的需要。

包装领域的复合包装材料主要是指“层和型”，即：用层和、挤出贴面、共挤塑等技术，将几种不同性能的基材结合形成的多层结构。运用多层结构材料所做的包装有防污、防尘、隔阻气体、保持香气、防紫外线、透明、装潢、印刷、易于用机械加工封合等功能。

新型包装材料

新型包装材料

来看新材料的“独角戏”

纵观新技术、新材料的不断涌现，包装行业日新月异。

包装设计既要考虑到成本、环保等问题，又要考虑到针对消费者便利性的问题，总而言之，顾客是上帝，只有受到顾客青睐的包装，才是成功的包装。

纳米技术是近十年来在新材料领域里最流行的词语，纳米技术渗透到我们生活的方方面面，随着发展，近些年，纳米陶瓷、纳米金属在包装行业流行开来。纳米技术的引入，令易碎的陶瓷增加了柔韧性，大大拓宽了陶瓷的应用领域。纳米金属也一改往日的高温升成技术，低温也能铸造而成了。

可食性包装被消费者认可，层层包装会令消费者失去耐心，打开直接放在嘴里显得是那么简便。例如，药品类的胶囊，为消费者提供了方便，主要材料是明胶和甘油，然后再涂上肠溶材料如pvp做底衣，再用cap进行外包衣 ，会被消化，没有害处。

近些年，研发新包装材料的风潮在许多国家盛行，例如，美国研制的QLF瓶，其抗氧能力比普通PET瓶高3～10倍，防潮能力提高2倍，可微波加热，适用于目前的PET回收工艺。具有吸氧功能的瓶盖，能将乳品保质期从3～4个月延长到4～6个月。

复合包装材料

新材料“嫁给了”新技术

生态包装发展趋势

生态问题早已成为世界性话题之一，在一切追求保护环境的原则下，包装设计也必须遵循这个原则。因而，生态包装诞生了。在物质材料日益匮乏的今天，尤其是包装的材料，所采用的都是一些不可再生资源，所以，生态包装的研发迫在眉睫。

绿色包装一方面为了节约能源，做到能源的循环利用；另一方面，以保护生态环境为准则，强调生态可持续平衡发展。从生态学角度看，绿色包装就是根据环境价值并利用现代科技的全部技术潜力的包装。因此，绿色包装是设计师与科学家的一次完美结合的产物。

近些年来，国外纷纷进行环保材料的研究，有四种材料应用广泛：玉米塑料、油菜塑料、秸秆容器、小麦塑料。美国人研制出一种易于分解的玉米塑料包装材料，是将玉米粉掺入聚乙烯后制成的。它能在水中迅速溶解，可避免污染的扩散，并减少污染。由英国人成功研制的油菜塑料也是新兴生态环保材料，从制作生物聚合物的细菌中，提取三种可能产生塑料的基因，再转移到油菜的植株中，经过一段时间使产生一种塑料性聚合物液，再经提炼加工便可成为油菜塑料。这种油菜材料最大程度地做到了环保。秸秆容器，利用废弃农作物秸秆等天然植物纤维，添加符合食品包装卫生标准，安全无毒成型剂，经独特工艺和操作方法制成的可完全降解的绿色环保产品。该产品可耐热、耐油、耐酸碱、耐冷冻，并且在价格上胜纸材料一筹。不仅能防止白色污染，也为秸秆的二次利用提供了一条有效途径。小麦塑料是由小麦粉添加甘油、甘醇、聚硅油等混合而成，它是一种半透明的热可塑性塑料薄膜，能由微生物加以分解。

例如，美国艺术家在工作室通过手工制作包装，100%的纯天然优质产品，每一块的乳木果香皂都采用天然纸制包装，因为印刷位置的不同，所以每个香皂的包装都有小小的不同。这款三安士的乳木果香皂是以“麦片和蜂蜜”为包装的主题封面，上面设计了精美的蜂巢和蜜蜂图案。

生态包装材料

生态保护的观念经过多年呼吁，已经广为人知并深入人心，但要将环保意识贯彻于包装设计中始终却要依赖设计师、厂家以及全社会继续共同的努力。生态包装设计在起步阶段毫无疑问地会占据更多的资金、提高产品的成本，使企业面临一定的风险。但从长远的观点来看，随着在社会中越来越多的人对环保观念的认可，可以说生态包装对企业的发展起着积极的促进作用，因为企业的发展好坏在于消费者的态度和选择。在这条充满希望的道路上，生态包装设计可谓任重而道远。

由于塑料制品具有方便、清洁的特性，所以各种塑料制品比其它材料的产品更容易接近我们的生活。为了扬长避短，许多制品借鉴了自然和传统手艺。这些聚苯乙烯托盘覆盖一层假木材。这些托盘掩饰自己的实际材料，给人传递环保理念。

这是个食物纪念品，从图片上你可能不知道捆绳是真是假。它用芦苇这种生态元素来结合了两种优点。注意这个碗，它覆盖了一层竹编，这种传统的包装方式强调了乡土气息，碗是由100%天然芦苇制成的，微波安全。

防伪包装发展趋势

到目前为止，随着科技的发展，防伪技术越来越丰富，未来防伪技术的发展方向是强调降低成本、难于防制、易于识别、事前防伪的综合防伪解决方案。由于包装防伪是产品防伪的第一道防线，目前防伪包装正从加贴防伪标识、激光标签、防伪专利容器等分散的防伪形式，向采用防伪包装材料与防伪设计印刷相结合的综合性整体性防伪方面转变。有效的防伪效果既不会增加太多的生产成本，又加强了商家的品牌意识。大大促进了缓冲包装设计的理论交流和发展，诸如缓冲包装的计算机辅助设计、系统分析设计模型、概率设计方法以及非线性缓冲包装系统的冲击谱分析取得了一系列重要成果。

缓冲包装发展趋势

缓冲包装设计源于二战时期的战备物资运输，由于当时的距离遥远，大部分物资在运输的过程中出现损坏，从而产生缓冲动力包装学。

在近几十年，国际上交流频繁，国际包装学术讨论会的诞生，大大促进了缓冲包装设计的理论交流和发展，诸如缓冲包装的计算机辅助设计、系统分析设计模型、概率设计方法以及非线性缓冲包装系统的冲击谱分析取得了一系列重要成果。

在全球开放的今天，世界各国的产品在全世界流通，保证产品在运输过程中保持自身安全问题已不容忽视。缓冲包装设计成为必要的考虑因素，设计成本早已被商家考虑在成本之内。所以，缓冲包装设计未来的发展趋势是非常乐观的，成为实现产品全球化必须考虑的因素之一。

纳米包装材料

纳米包装的发展趋势

目前纳米技术是通过光电、温敏、湿敏等功能材料与包装材料复合制成某种可以识别和指示包装空间的温度、湿度、压力及密封的水平、时间等重要参数的智能纳米包装材料。纳米材料具有各种特殊性质，科学家们在各个研究领域都取得了新的突破，同时纳米材料的应用也越来越广泛化。

纳米包装成为21世纪包装领域的“制高点”。它伴随着包装事业的发展，为节约材料、保护环境做出了重要贡献，为包装设计的发展提供了一个大平台。

无菌包装发展趋势

无菌包装技术诞生于20世纪40年代后期，但从20世纪60年代开始，由于包装用塑料的迅速发展，给无菌包装发展提供了广阔的天地。简单地说，无菌包装是将包装材料、包装容器和内容物先杀菌，在无菌环境下包装。非无菌包装是先包装，而后将包装容器和内容物一起杀菌或不杀菌。

无菌包装应用在饮料、奶制品、调味品等可食用产品。由于消费者对物质生活要求逐渐增高，产品在保证对人身体健康的同时，还要求产品的品质。无菌包装是现代生活的必需品，保证极高的产品质量是未来无菌包装发展的趋势。

蜂窝纸板包装发展趋势

蜂窝纸可属于是纸包装的未来发展趋势，但单独列出来谈论发展趋势是因为蜂窝纸已成为一个单独且庞大的类别。

在包装材料日新月异的今天，轻量化、薄型化、功能化是发展方向。在大多数的包装材料和包装方法中，“以纸代塑”“以纸代木”的方式日益成为国际流行的必然趋势，例如：采用蜂窝纸板，便可达到这种效果。广泛的推广和大规模应用蜂窝纸板包装有许多益处，一是可以大量减少木材的需求量，做到节能减排，从而保护日益减少的森林资源；二是在运输环节上还能保证产品的安全。蜂窝纸板材料还具有轻、强、刚、稳四大优点，体现了一种全新的环保包装设计观念。

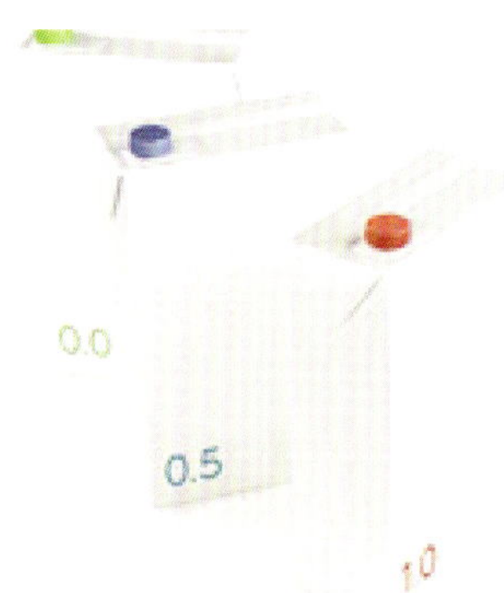

无菌包装材料

消费者眼中的材料“新鲜感”

在我们日益追求视觉新鲜感的同时，消费者对包装新材料有了进一步的要求，随着整个世界的发展，消费者对环保、健康、节约资源有了进一步的认识和要求。玉米塑料、油菜塑料、可降解材料等新材料的出现，不仅要求科学水平高，对我们设计界也是一个新要求。如何将新型环保材料与设计融为一体是当代设计所考虑的问题之一，让艺术在绿色、健康的环境中释放魅力。

从消费者的角度出发，人们对一切新鲜事物都感兴趣，例如Morphë是来自 Objet 最新的家用器皿系列，由Vero材料制成，有独特的结构和镂空花纹，精美商品放在那怎能不动心呢？

消费者眼中的新材料是在结合新技术的前提下通过包装展示给大众的，新材料广泛被消费者认可，成为现代包装的新流行趋势。

Vero材料制成Objet 家用器皿系列

本章小结

21世纪是一个绿色环保的世纪，绿色环保包装设计必将带给我们崭新无污染的绿色世界。适应市场需要并且与国际接轨。要大力发展轻薄、高性能的纸包装、玻璃包装、塑料包装，开发可视性包装材料和纳米材料。

第五章 Chapter five

品位不同
——创新包装设计中调性的把握

- 奢华的气质
- 优雅的格调
- 无邪的童趣
- 质朴中见纯粹
- 炫酷的个性

调性一词来源于音乐艺术，简单讲就是24个大小调。

在创新包装设计中调性的把握，一般是指定位风格的把握，塑造适合产品的气质格调，就如同每个人都有不同的气质特点，有的人温婉知性，有的人活泼开朗，有的人淳朴老实，我们不能根据自己的喜好来定位气质的好坏，只能在包容的前提下释放个性的发展，针对包装设计，在结合产品特性市场定位的前提下，设定一个总体的风格取向。例如：奢华的气质、优雅的格调、无邪的童趣、质朴中见纯粹、炫酷的个性等。

包装是体现品位的一个重要方面，因为在“同质化”的今天，商品不再仅仅卖功效，而是出售时尚文化与品牌内涵。

第五章：品位不同
——创新包装设计中调性的把握

关键词 奢华 优雅 无邪 质朴 炫酷

一、奢华的气质

奢华的气质究竟对商品包装影响有多大呢？例如国外进口红酒一般价格昂贵，是国内红酒的几倍甚至几十倍，同样红酒包装都是在走奢华路线，却出现如此之巨大差距，究其包装的原因，主要还是因为国内红酒奢华的气质不够，令消费者感受不到真正贵族奢华品质的存在。

营造奢华气质一般可以从材料的选择、色彩的利用、版式与图案的设计等角度入手，例如材料上常见金属、玻璃、皮革、高档织物等，它们具备良好的手感或光泽感，可以营造出华丽的视觉效果。色彩上常利用金、银、黑、白、高级灰等色系，高贵大方，沉稳大气。版式和图案更是力求精致，以少胜多，字体的选择上或用简洁的印刷体，或用富有装饰感的创意字体，排版上注意以和谐统一的视觉形象出现。

奢华的气质一般适用于酒类、化妆品、精装食品、奢侈品等高档产品包装。

香水瓶包装设计

由CPDS设计公司设计的“被隐藏了的瓶子”非常有意思，这是一款有两种味道的香水瓶子，设计师将该款瓶子四周都画上了瓶子图案，其目的就在于打开绘画瓶的同时，真正的盒子也被打开了，在白色不透明的玻璃上，采用深黑色进行绘画，绘画风格采用巴洛克艺术手法，瓶子前部采用金色高调的花纹装饰，黑色和金色两款不同的“衣领”作为瓶颈，像是穿上了香奈儿高级定制的套装，准备出席上流社会的晚宴。

马哥孛罗月饼包装设计

采用金黄色的精致铁盒作为包装容器，金黄色是奢华气质的代名词，外衬一个类似于书的封套形式，赋予文化内涵，这款包装设计是最能彰显奢华气质的包装设计。

雅诗兰黛全新Illusionist睫毛膏包装设计

雅诗兰黛副总裁曾说：“小细节对我们和我们的顾客确实含义不同。我们产品的奢华包装与我们顾客之间建立了情感联系。这通过以不太明显、更潜意识、更个人化的方式来传递奢华。”雅诗兰黛的全新Illusionist睫毛膏提供了视觉上和触觉上奢华的信息。它呈现了全新的形状，盖子是注射成型的ABS，然后在一种柔软的Santoprene材料中超模压以获得合乎人体工学把握的表面。

Raisin blanc的包装设计

看到Raisin blanc的包装设计，一股欧洲宫廷的复古奢华之风袭来，典雅的白色成为设计的主体色调，纯净、圣洁、高贵、典雅，给人一种贵妇人的气场。同样都是酒类包装，而整体的感觉在奢华气质的前提下，有各自的韵味，这是设计的魅力与能量。

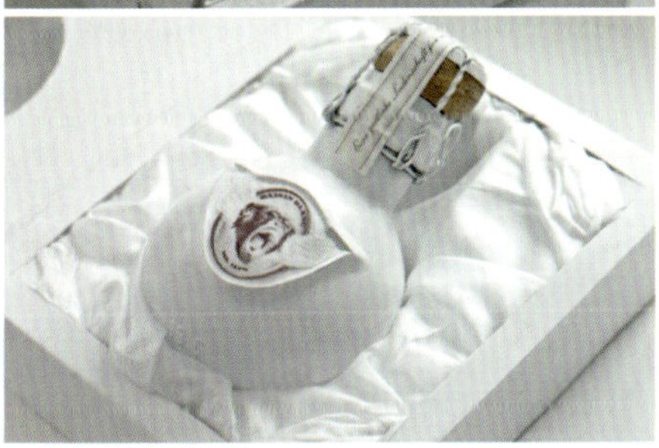

红酒包装设计

以黑色作为基调，使娇艳的红色成为亮点。外包装盒设计形似女士手包，奢华与性感同在。

Braufactu红酒包装设计

酒瓶的设计线条流畅，沉稳且不失高贵，凸显出它的高品质形象。

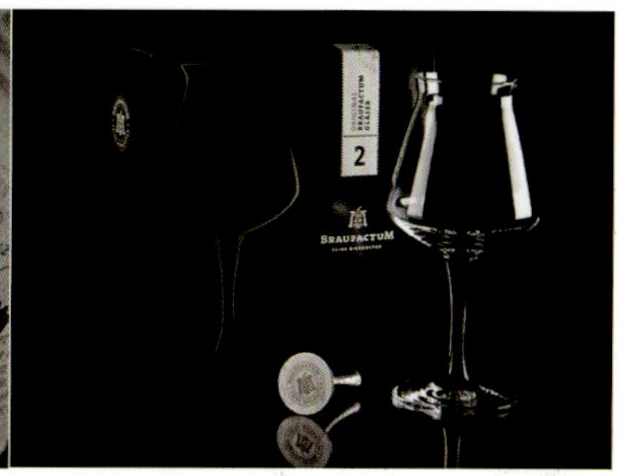

DIESEL香水包装设计

魅惑的紫色成为DIESEL这款香水的设计主体色调，紫色代表高贵，常成为贵族所钟爱的颜色。精致的切面好似钻石，同时伴随它的是神话般具有宗教色彩的崇拜和畏惧的传说，同时把它视为勇敢、权力、地位和尊贵的象征。所以，这是一款集神秘、性感于一身的女士香水，彰显奢华之风，深受大众喜爱。

Seryab 瓶装水包装设计

精致的玻璃瓶上雕刻出独特的花形，独特别致。

绝对金质伏特加包装设计

绝对伏特加的完美酒瓶，是瑞典古老药瓶的灵感再现，特别选用了含铁量较低的原材料，以保证其晶莹剔透。每一瓶绝对伏特加的瓶身都标贴着伟大人物Lars Olsson Smith的肖像徽章。极尽奢华至美，让绝对伏特加名副其实。绝对艺术的瓶子，伏特加酒之王Lars Olsson Smith曾说：“我爱这完美的瓶子，我爱它的质感，我想为它做些什么。”

限量版可口可乐包装设计

你现在瞧见的可口可乐瓶是由设计师Alexander Samuelson发明，称为经典之作。而这款限量版可乐采用金银亮色，尽显高贵、典雅，更加突出了瓶形的流线之美，像是引领整个可口可乐的发展，至尊可乐，奢华享受。

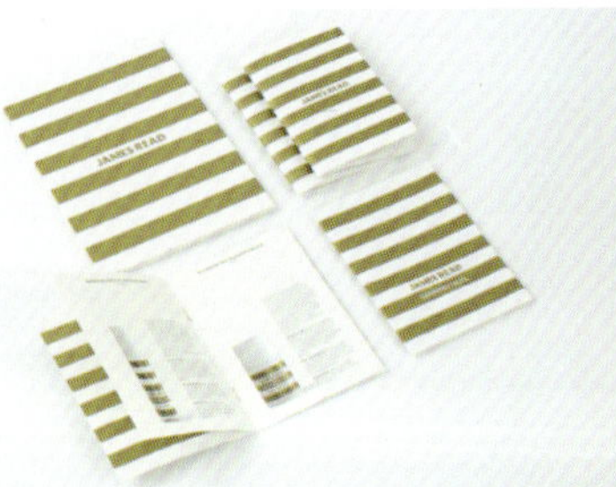

JAMES READ品牌包装设计

金色是奢华的代表，仅仅是简单的几条线也能给我们庄重、大气、奢华的感觉。

巧克力包装设计

银色是沉稳之色，代表高尚、尊贵、纯洁、永恒、神圣、庄严。它清秀俊美、清脆悦耳，比如说银铃般的声音。银色在西方奇幻中常被作为祭祀的象征，也有代表神秘的意义 。这款巧克力包装采用银色质感的盒子并搭配那一抹暖色，略显娇俏，奢华备至，凸起的英文字母令它更具层次感，非常精致。

有机蜂蜜的包装

纯透明的玻璃瓶精致典雅，标贴的设计自然内敛，风格清新，尽显品位。

二、优雅的格调

优雅是一种状态，它同美丽并存，但比美丽更加有内涵，它是经历生活中积淀而养成。格调像是看不见、摸不着的某种存在。其实再高、再神秘的格调通常都以某种形式体现出来。格调优雅的产品包装一般彰显消费者品位的高雅，它不张扬、高调，也不跳跃、嘈杂，展现更多的是消费者丰富的知识蕴藏。

纯白、浅色、暖色等柔和色调易体现出优雅格调。

olive oil包装设计

将油做出了红酒包装的风格，提升了olive oil的高贵品质。

Hand in Hand 香皂包装设计

Hand in Hand 推出了三款香皂包装。新的包装设计由Joy Deangdeelert Cho和插画师 Emma Block 合作完成，清新的插画风格，格调优雅。

Rachel Dangerfield 香皂包装设计

包装成本比较低廉，但设计格调优雅高贵。采用方盒作为容器，盒子正面的镂空艺术成为整个设计的闪光之处，采用香皂原材料——植物叶子作为基本形，反复打乱秩序出现，令原本毫无生气的白盒子变得生机勃勃，下层用玫红色包装纸作为内衬，盒子内采用与纸内衬颜色一致的玫红色丝绸作为点缀，在优雅中略显俏皮与可爱。

MEDINA巧克力饼干包装设计

这是一款充满乐趣的小饼干，选用扁扁的圆形盒子为容器，里面分为三层，每一款不同口味的小东西静静而有序地“对号入座”，文字以圆排作为陪衬，而盒盖上采用简洁字体，横向排列。它的设计灵感来源于中国传统美食器具——蒸包子的屉。而外部配上清新优雅的装饰图案，可以说是融入了东方文化的设计作品。

UNDERSTORY CHOCOLATIERSBAO包装设计

UNDERSTORY CHOCOLATIERSBAO专门制作与巧克力有关的食品的公司，产品有巧克力、巧克力口味的饮料等。它的包装设计的主体色调就是真正的巧克力色，字体采用简洁、有力量感的字体，横向排版，瓶盖处设计巧妙、精致，令人对其口味产生了无限遐想，整体格调优雅脱俗。

NIAGARA CHRYSALTS 包装设计

NIAGARA CHRYSALTS 包装设计展现清新优雅风格，蝴蝶成为这瓶酒故事的开始，在酒签上设计师仅仅以插画的形式画一只树干，简练精到。而蝴蝶却出现在酒签背部，好像是一只真蝴蝶在围绕着这瓶红葡萄酒在翩翩起舞，是什么把它吸引而来呢？一定是酒香，中国有句古话叫“酒香不怕巷子深”，估计就是这个原因。瓶塞处画有一只蓝色的小蝴蝶，那么的精致优雅，采用同样的插画手法，在瓶颈处挂着这瓶酒的故事标签，将整瓶酒的优雅格调又提升了一层。

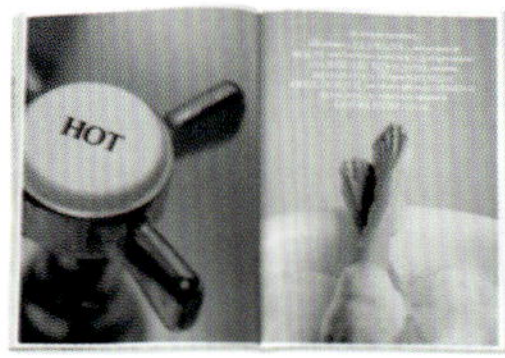

Les Bains 护肤品包装设计

包装材料的选择也十分注重触觉的舒适感，常用磨砂、亚光等处理手法，Les Bains 包装正好体现了这一点。这是一款护肤产品，整体盒形采取六棱柱造型，选用压膜工艺，微微的磨砂手感，高档而舒适，以柔和的蓝色、绿色作为主体色调，体现此款护肤品为植物型无化学添加剂的产品。

甜品包装设计

这是Sweet Boutique 包装设计，包装设计非常重视气质的表现，黑白的色彩搭配非常优雅、有格调。

MRG
SWEET BOUTIQUE
BAKING IDEAS

三、无邪的童趣

童趣可以理解为幼稚天真或童年的乐趣。一种活泼、可爱、趣味弥漫在商品之中，这种感觉的包装不但会赢得儿童的喜爱，更能勾起成年人对童年的留恋，情感的交融是这类包装商品畅销的关键。

无邪的童趣有两个重要的因素：色彩和造型。“远看是色，近看是花”就恰到好处地说明了颜色的重要性，颜色是最能刺激人体眼球的符号。跳跃的颜色是童趣表达的关键，颜色是最先映入消费者眼帘的，而且，儿童对鲜艳的颜色总是情有独钟。实践证明，在红、橙、黄、绿、蓝、紫、棕、黑、白、灰等10种颜色中，儿童则更多地偏爱红、黄、绿，较少偏爱黑、灰、棕色。

大多数儿童产品包装设计都是以趣味性为前提，抓住儿童好动且注意力易涣散的特点，将趣味性有机地融入产品包装设计之中。儿童的内心世界是相当丰富精彩的，他们具备超乎常规的想象力，他们对万物充满了好奇，哪怕是一块斑斓的色彩、一个古怪的图形、一根弯曲的线条，都会令他们驻足半晌，无邪的童趣比较适合儿童及年轻人使用产品的包装，例如：食品、玩具、儿童用品等。

Nuts.com 坚果包装设计

可爱的卡通形象透露出坚果的品质好坏，似乎这些小可爱们在迫不及待地告诉消费者它们的产品品质。

Charlies包装设计

似乎掉到了水果世界，橘子、苹果变成了精灵，孩子们看到就像是看动画片一样着迷。

Fat Pig个巧克力包装设计

可爱的小猪形象、可爱的粉红色，两个可爱在一起，将品牌理念展现得淋漓尽致。

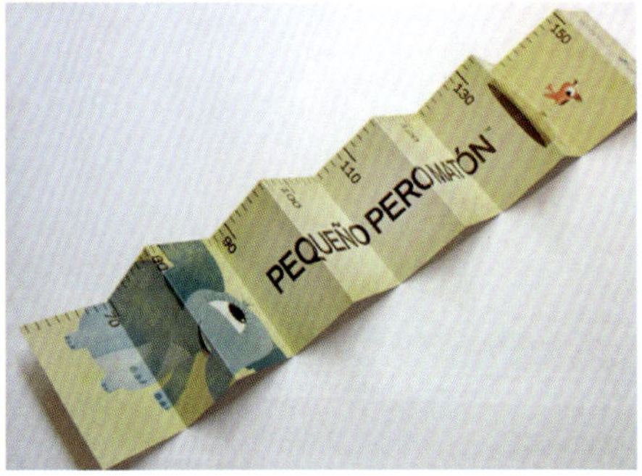

menos es más™

Menos es M á s饮料包装设计

可爱的卡通形象深受大众喜爱，独特的Menos es M á s字体设计十分灵动，整体包装采用柔和的暖黄色调作为底色，给人亲切感。

卡通形象扑克牌包装设计

卡通形象的扑克牌。在我们的印象中，扑克牌一直以方方正正的形象出现，现在，一款卡通形象的扑克牌出现了，感觉它像是在动画片里走出来了一样。其外形选择绿色卡通形象，扑克牌上面印有各种小猫咪，相信大家在玩游戏时，这样一款特别的扑克牌也为游戏增添了不少欢乐的气氛。

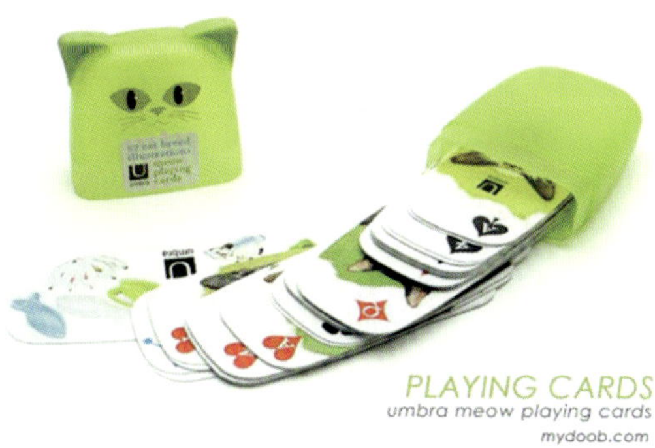

啤酒包装设计

这是一款插画风格的可爱啤酒包装设计，三款不同颜色的瓶签，好像动画片一样，讲述着不同的故事。

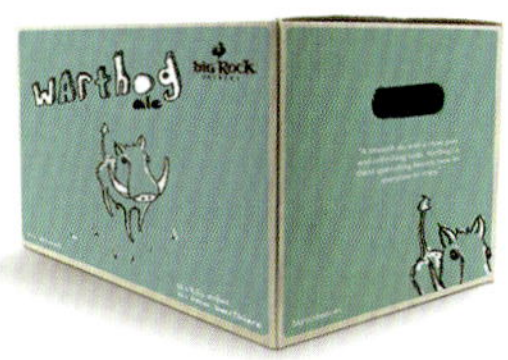

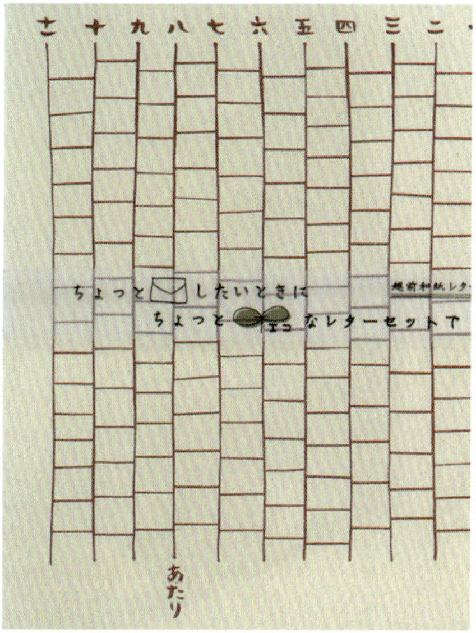

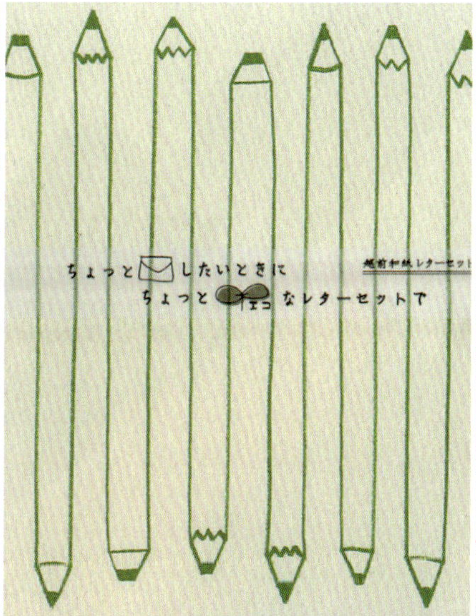

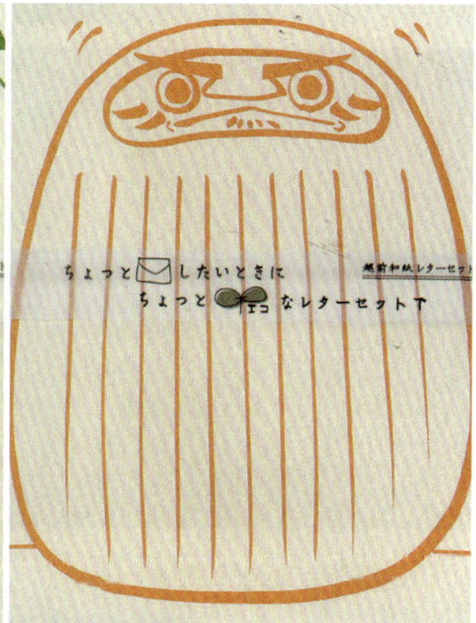

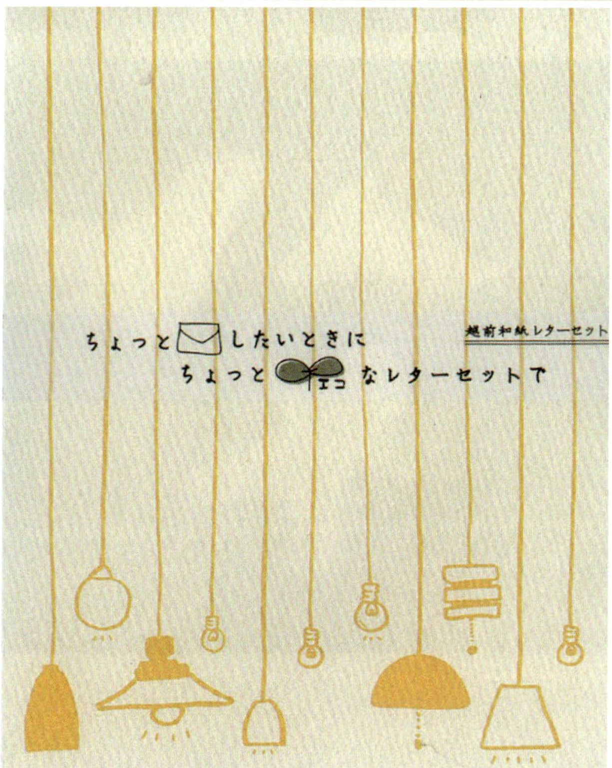

日本信纸包装设计

以插画手法营造童趣效果，既轻松又亲和力十足。

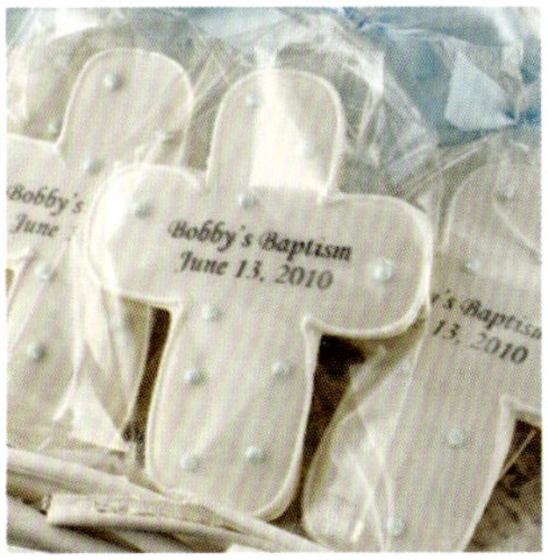

TSCookies 创意卡通饼干包装设计

古灵精怪的猫头鹰、俏皮的小象、不再凶猛的狮子，这些丰富的造型可以调动起孩子们的兴趣，可爱的卡通形象，配上鲜艳的颜色，无论它放在哪个角落，都是那么地吸引小朋友的眼球，就连大人看见这些活泼的形象都会恋恋不舍。

咖啡包装设计

这款咖啡的包装设计，融进了卡通元素，色彩强烈夺目，活力十足是它区分于其他咖啡包装的重要特征。

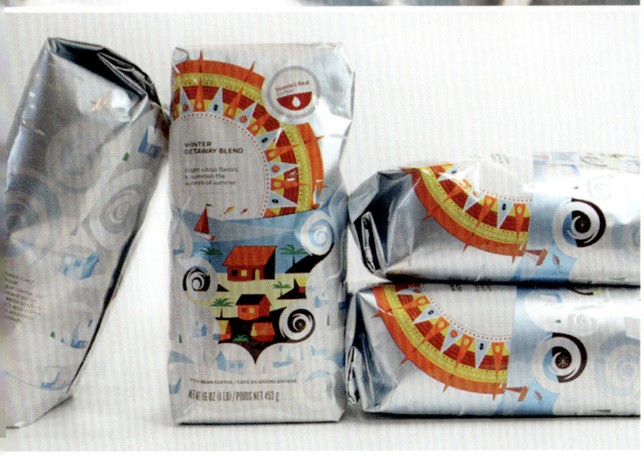

四、质朴中见纯粹

质朴是自然状态的一种展现，我们往往形容一个人生活的质朴、纯粹是对他的赞赏，但在包装领域中，常用最质朴的、简单的、古老的表现手法来展现最纯粹的商品信息。

随着包装行业的快速发展，朴素美观正适应市场的审美需求，它带给人们清新的视觉元素，符合现代市场对于回归自然的要求。朴素美不仅表现了一种新的设计风格，更是一种切实的生活态度。

质朴中见纯粹的包装风格比较适合茶叶、中药、白酒、各地特产等。一些百年老字号的商家也比较喜欢这种形式的产品包装格调，足以体现它悠悠百年历史，以及深受百姓喜爱的古老品牌形象。

质朴的包装设计其实可以理解为极简主义包装风格，做出简约而不简单的设计是设计师不断追求的目标，大众的审美也逐渐向这个目标靠拢，纯粹的信息与干脆利落相结合，用极少的色彩和形象去表现一个客观存在的纯粹对象。

朴素包装设计如同尘世喧哗中的一丝宁静，它的典雅、质朴、寂静，使人在想尽生活中的多姿多彩后，感受着别样的滋味，质朴纯粹的包装总能散发出永恒的魅力。

台湾大米包装设计

台湾有一家极富人文气息的米店品牌，它的名字叫掌生谷粒，用仿古的牛皮纸袋作为外包装，标签用白色棉纸，配以中国书法文字撰写作为产品说明，以最古老的打结方式，将手柄以缠绕的方式打造出便于消费者携带的手拎袋，清新稻香弥漫整个市场，十分古朴自然。

老白品牌食品包装设计

简洁的外包装透露出食物的品质，不需要任何装饰，体现商家对自己品牌食物的信心。标志老白品牌的字体刚正有力，以深红色和土黄色作为底色，设计出牌匾的形式，足以体现老白品牌是一个传承百年历史的品牌。

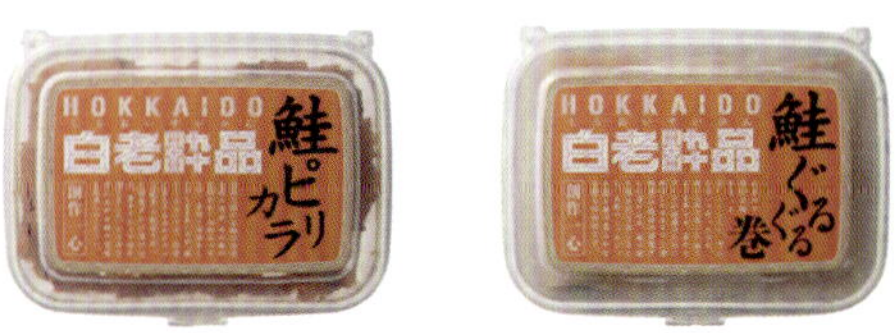

洗手茶剂包装设计

台湾茶的质量早已备受肯定，不只亚洲人风靡，欧美更是掀起一阵台湾茶的潮流。的确，台湾茶幽雅芬芳、回甘无穷。采撷碧庐有机茶园茶叶，依传统精制茶工序，将熟茶捣碎与天然草本精油调和，洗手茶剂自然洗手，还给双手最纯净的呵护，质地温和清爽无负担，感官知觉回归以迄心灵。

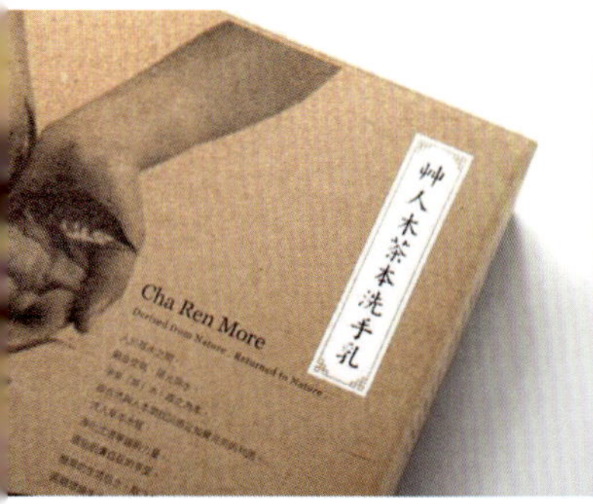

日本食品包装设计

这是一款强调原汁原味包装设计，表达直接，成本低廉，信息传达准确。

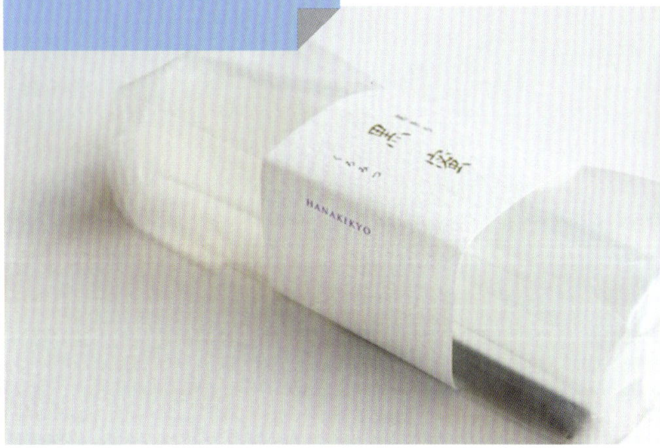

沙拉包装设计

一些欧美国家同样喜爱质朴设计风格，在环保理念盛行的今天，节约资源也成为质朴包装设计的一部分。简约版的沙拉包装设计，以塑料薄膜为原材料，节约资源。从消费者角度考虑，此款沙拉食用便利，设计风格现代；从商家角度考虑，用最低的成本创造着最大的利益，这是每个商家所追求的。

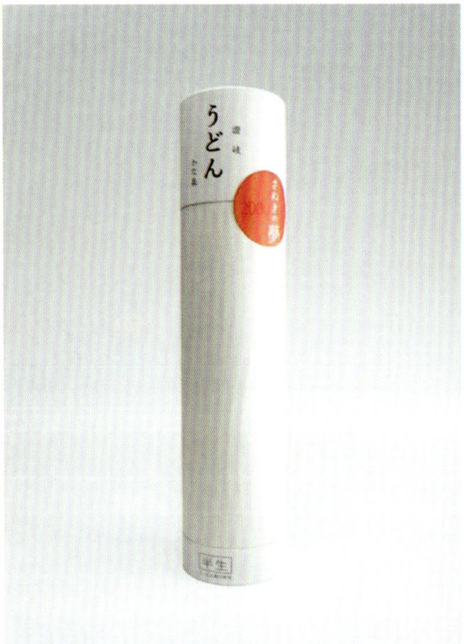

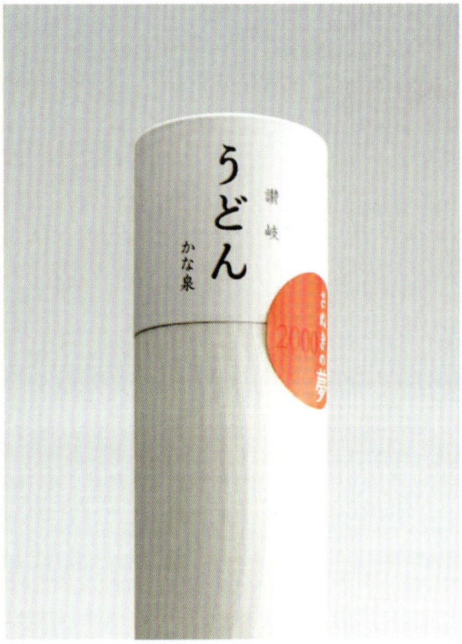

日本包装设计

以白色作为主色调，圆柱形造型，简单的几个日文传递着极重要的信息，抢眼的红色作为标签出现。据调查，日本的国旗是全球最为醒目的国旗，而这款设计追求的正是日本国旗一样的简洁、醒目。

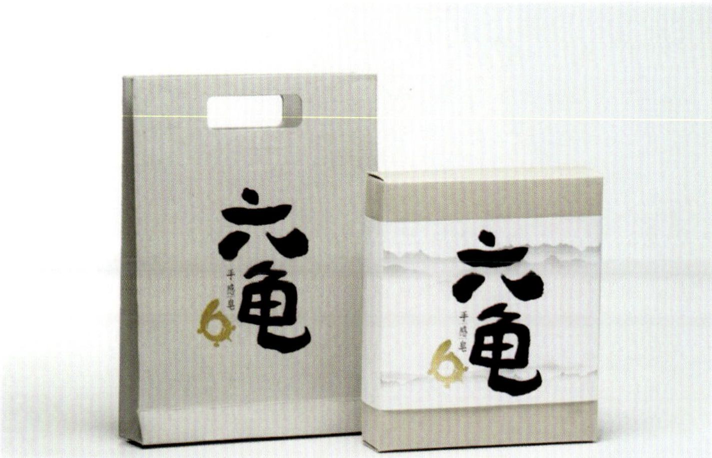

六龟手感皂

六龟是台湾省一个地区的名字，那里的妇女是靠着自己的双手摘采农作物为生，主要制作手工皂。而这款手工皂的包装设计选择“手”作为核心概念，因为不论是务农或者制作手工皂，都是这双手撑起了她们的家庭。在台湾文化中，手掌的纹路也决定了一个人的命运。运用日式的书法包装风格，简洁、内敛、单纯、淡雅，它没有用华丽的语言来修饰，而是采用质朴的设计风格来表达六龟妇女对待生活的纯粹。

五、炫酷的个性

炫酷的个性深受年轻人喜欢，主要表现手法采用涂鸦、个性插画、另类图像等。例如：酒包装设计师为了创造出一种“纯”的感觉，将包装中瓶身的字体以及插画都是手绘的风格、鲜亮的色彩、独特的造型，这样就更能引起消费者的注意，彰显个性特点。能够捕捉消费者的注意是很多包装设计师必须做到的。

Pasta la vista意大利通心粉创意包装

Pasta La Vista是意大利知名的意粉食品公司，他们采用纯意大利传统制作方法，这款是由设计师Andrew Gorkovenko为他们打造的全新的意粉包装。借用意粉的多变形式，将意粉变成了不同大厨的个性“头发”。整体包装就像一位戴高帽的卡通大厨，不仅俏皮可爱、讨人喜欢，而且透明处又能很好地看出意粉的品质，很出色的设计。

Pasta
La Vista

Pasta
La Vista

Pasta
La Vista

Sailcei vodka酒包装

炫酷个性的插画，让这款包装变得出众显眼。

巴塞罗那足球俱乐部咖啡包装设计

以巴塞罗那的队服作为原型，印在咖啡铁盒包装上，想法巧妙，突出商品属性。

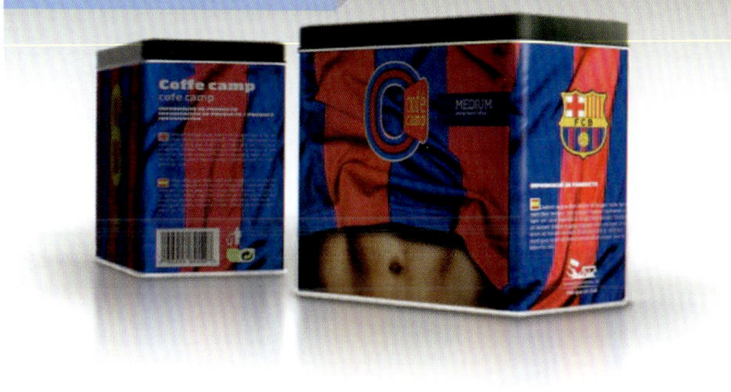

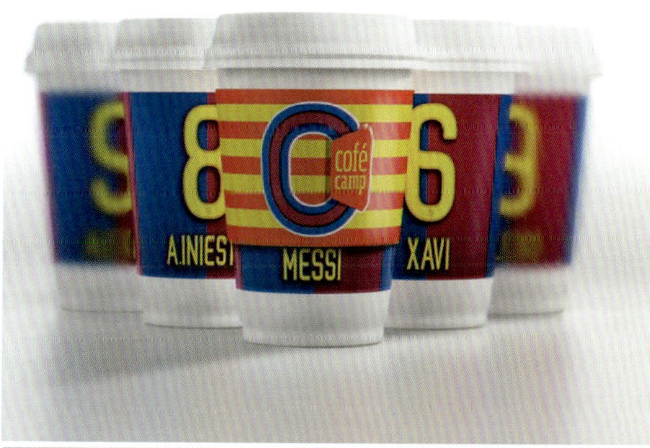

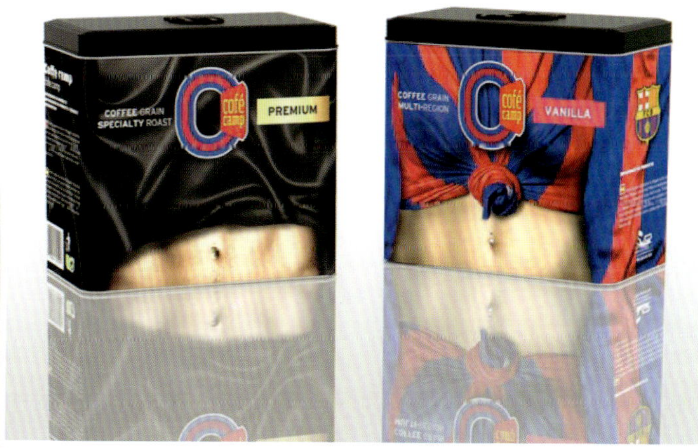

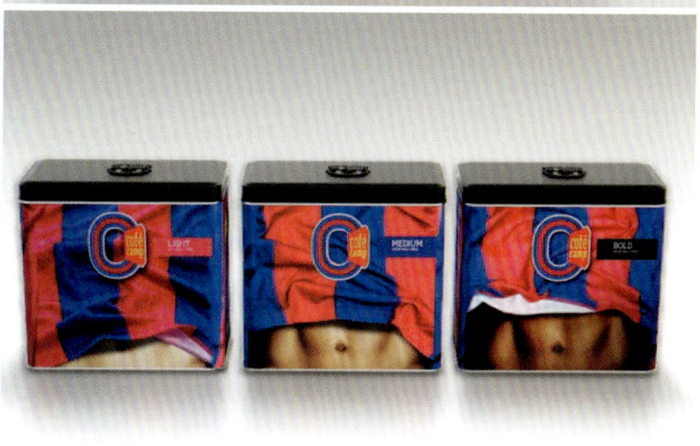

本章小结

包装设计的格调问题是任何一个设计师都回避不了的，同时也是一个考验设计师审美高度的标尺。商品包装一问世，除了传达的信息不同之外，都会以自己独有的风格展示给消费者各自不同的精神风貌。包装的设计定位与风格根据商品特性而定，有奢华的气质，有优雅的格调，有无邪的童趣，有质朴的纯粹，有炫酷的个性，通过风格各异的包装，不仅能让我们认知商品、了解商品，我们还能隐隐感受到它的文化归属、民族情怀。

第六章 Chapter six

形象定位
——创新包装设计与品牌形象的协调统一

- 包装中标志和辅助图形的“表演”
- 包装设计“追逐”品牌的市场定位
- 包装系列化形象的展现

品牌形象的目的是使消费者产生对品牌形象的记忆，统一、鲜明、具有个性的品牌风格有助于消费者对品牌的认识。包装设计中所反映出来的品牌文化，影响着消费者对品牌及产品的理解与判断。成功的包装设计是将品牌的文化特性与消费者的审美习性相结合，从而达到突出产品的目的。

第六章：形象定位
——创新包装设计与品牌形象的协调统一

关键词 标志 辅助图形 品牌理念 品牌定位 视觉形象化

一、包装中标志和辅助图形的“表演”

品牌形象作为包装设计的“家族背景”，要在第一时间将其个性特点传递给消费者，不同的品牌通过产品包装的形象设计，对消费者产生刺激，调动消费者的视觉、味觉、触觉等感觉感官。而包装设计中的品牌形象主要通过企业标志及其辅助图形来表达。

在品牌形象设计中，标志是不用语言表达的品牌图形记号。品牌标志能够创造品牌知名度、影响消费者对品牌的偏好。而能够给消费者留下深刻印象的必定是一个品牌的标志，例如：阿迪、李宁、海尔兄弟、耐克都是消费者随时能想起来的标志。

标志，英文单词logo，是表明事物特征的记号。它以单纯的、显著的、易识别的物象、图形或文字符号为直观语言，除表示什么、代替什么之外，还具有表达意义、情感和指令行动等作用。标志，在现代汉语词典中的解释是：表明特征的记号。

在一个形象为先的世界里，耐克是全世界最多人认识的标志之一。NIKE英文原意是指希腊胜利女神，其标志图案是个小钩子，造型简洁，速度感极强，犹如闪电，一看就能让人产生速度感和爆发力，全球体育运动爱好者就因这个造型极其简单的标志被征服了，甚至是一些潮流人士的挚爱。要了解耐克的品牌文化，对于其标志的了解是不可或缺的。往往在电视广告、室外广告中，消费者最多看到的是耐克标志，它已经不需要任何语言的描绘，只用一个标志来提高品牌价值、知名度以及地位，它早已经成为圣像。时至今日，没有任何一个体育用品公司的品牌形象超越耐克。

标志和辅助图形这对形影不离的好朋友是为了充实丰富商品包装的视觉形象。辅助图形是在标志设计的基础之上演变而来，它依据标志、标准色、辅助色等要素而开发出来，它使标志在实际运用中达到丰富视觉效果、统一视觉形象的双重作用。辅助图形比较灵活，可以脱离标志、标准字单独使用，从而使最具代表性的商品包装形象得以正确的塑造，建立社会公众的一致认知。

品牌形象中的标志是一种视觉语言，通过颜色、图案向消费者传达产品的信息，其目的就是让消费者认可并发出购买行为。识别品牌、促进销售是它的唯一目的。

品牌标志设计我们需要注重以下几点：色彩搭配协调、造型优美、醒目直观、体现产品特征、有现代设计气息。品牌标志设计要遵守简练、显著、易识别原则，同时要遵守法律法规、尊重各民族风俗文化。例如：英国“壳”牌石油公司的标志经过一个多世纪的改变，终于演变成今天简练、醒目，令消费者有深刻印象的标志。

1900　1904　1909　1930　1948

1955　1961　1971　1995　seit 1999

LA
DISTRIBUTRICE
MONT-ROYAL
408 E.

AME LAT ESP

LA DISTRIBUTRICE 咖啡吧

LA DISTRIBUTRICE咖啡吧企业形象是由英国设计师设计。以黑色为主色调，店名作为标志的设计主体，简洁大方、硬朗流畅，突出速度与便捷的主题理念。

EUROPA 咖啡包装设计

EUROPA咖啡包装设计，着重在商品名称上做字体变化的设计，其文字标识简洁大方，柔中带刚，将大写字母“E”作为基本形，并在其他的配置商品中重复出现。

Joestephenson咖啡吧

Joestephenson咖啡吧企业形象是由英国设计师设计。这是一个能够提供现场音乐表演的咖啡吧，其设计灵感来源于20世纪50年代的苏荷酒吧，其意义是重新点燃咖啡吧的火花，咖啡豆作为基本形反复出现在包装袋上，一抹艳丽的颜色出现在字体上，将沉稳打破，变得生机勃勃。

tea

t

blacktea — t black tea

oolongtea — t oolong tea

greentea — t green tea

whitetea — t white tea

infusiontea — t infusion tea

supertea — t super tea

在VI系统中，辅助图形的延展在整个VI中起到了至关重要的作用，它应用于VI中的方方面面，它可以将标志等VI设计中其他要素在实际应用中变得更广泛，在现代包装设计中，辅助图形的应用已随处可见。

TEA包装设计

整体设计理念来源于一个“茶”字。标志的创意是将“tea”内的“t”字母局部用茶叶的形状来置换，根据颜色的不同来区别口味，这样，使这复杂的茶世界变得方便简洁起来。它的标志应用于整体包装之中，版式设计干净利落，同时，引用了老式的英国茶文化元素，如茶托、桌布等。

星巴克咖啡包装设计

星巴克是美国一家连锁咖啡公司，它的产品包装都围绕着标志来进行，直到今天，星巴克的标志已经发展了很多种，它带有神秘色彩的美人鱼在中间，以前周围围绕着“STARBUCKS COFFEE TEA SPICES”，现在是将鱼尾分布在周围，整体性更加完整。不难看出，星巴克的标志发展，越发得含蓄了。

MANTA 红酒包装设计

将标志性图形应用于商品包装设计中，获得了极强的整体性。

酒店整体形象设计

以中国古典纹样为原型，配以现代因素，时代感极强。

Philippe
Guignard
Orbe

Hôtel des
Horlogers
Philippe
Guignard

快餐食品包装设计

采用复古牛皮纸作为主体材料，红色字体作为点缀，简洁明快的色彩恰如其分地塑造了快餐食品的形象特征。

andshine 化妆品包装设计

将标志广泛应用于产品包装设计之中，通过不同的颜色来区分每款不同的功能。

Dylan’s Candy Bar纽约旗舰店

二、包装设计“追逐”品牌的市场定位

什么是品牌?

品牌是一种无形资产，它给拥有者带来溢价，它依靠名称、术语、记号等设计元素来呈现给消费者，增强品牌在消费者心中的形象。

什么是市场定位?

市场定位有三种：品牌定位、产品定位、消费者定位。

品牌定位是指企业根据品牌的特征、风格及目标市场中顾客的需求特点给企业品牌规定的市场位置。品牌定位的方式有很多，设计者可以根据企业的品牌定位明确包装设计的整体定位。产品定位是指企业根据市场的需求对产品进行层次定位，设计者可依据商品的功能性质和造型等形成不同层次的包装设计风格定位。消费者定位是指消费者是产品销售的终端对象，因此设计者还可以依据不同群体的消费者进行不同等级的、不同类别的、不同视觉效果的定位设计。

通过品牌定位创造出与同类商品的差异，包装上的设计理念也会不同，这让消费群体更加清晰，品牌个性差异更加明显。能够令消费者快速记住商品信息。

包装设计为什么要追逐品牌的市场定位?

品牌是一个大概念，它涵盖VI设计、包装设计、广告设计等。包装设计是局部，而品牌是个整体，所以，要想整体得以全面发挥优势，局部就必须考虑整体发展。

包装设计追逐品牌的市场定位，能够确定产品定位，突出企业形象。也就是说，要肩负着在消费者心中建立一个独特的、不同于竞争对手的产品差异点的重大作用。包装中合理有效地利用品牌形象的独特视觉要素，可以巩固和加强一个品牌定位在消费者心目中的塑造。例如：Dylan’s Candy Bar，这是一个个性独特的糖果店，看见它的存在，就能令消费者甜蜜。整个糖果店的糖果包装全部是可爱、幽默、轻松的风格。它的企业理念也是以甜蜜轻松为本。

TOMATO餐厅包装设计

TOMATO餐厅设在巴塞罗那的Tuset街道上，根据研究对象特点，设计师提出的名字都是非正式的、有趣的、容易记住的，这样，与这个精简的图形才更加匹配，因此，根据番茄的图形创造出一个有巨大潜力的图形，由圆圈和恒星符号组成，并与基本形番茄相互“沟通”，这样组合成为应用图形，简洁不失趣味，符合这个餐厅的形象理念，让消费者过目不忘。

TOMATO

Petits plats

BENIHANA餐厅包装设计

这是一个日本本土餐厅，主营铁板烧，整个设计清新自然，透露出日本设计的精髓。

产品要在众多的品牌中脱颖而出，关键在于其包装设计是否符合品牌的市场定位。例如：我们常见的台湾顶新集团推出的茶饮料（冰红茶、冰绿茶），它的包装设计就是与市场定位完全符合，这是一款价位适当的普通饮料，所以包装设计融入清新自然、活力无限的理念。

有人说消费者在购买产品时往往会产生品牌识别效应，这就是为什么很多人会购买固定品牌的原因。品牌效应的产牛，会大大缩短消费者与产品的距离，缩短消费者的决策时间，快速产生购买的决定，而这种快速的营销方式就源自于品牌形象的塑造。一个成功的品牌形象的塑造大多依靠产品的包装设计，而成功的产品包装设计需要四个要素：可读性、外观图案、品牌印象、功能特点说明。按照包装设计原则与形式美感的结合，将各种元素结合起来，塑造一个完美的货架形象，达到吸引消费者眼球、刺激购买欲望的目的，对此专家表示，“包装造成幻想，幻想左右销售”。由此可见，产品的包装决定了一个品牌形象的塑造，这是所有企业共同面临的一个问题。

品牌形象在消费者心目中有这样一种观点，“大品牌，有保证”。我们都知道品牌形象固有的颜色，例如：富士绿、可乐红、柯达黄等。强烈的视觉冲击力赋予了商品唯我独尊的形象。而正是这些固定的色彩印象，让消费者一眼就能认出自己钟爱的品牌。现在有些商家模仿大品牌，采取相同颜色的包装，模糊消费者视线，从反面证明包装设计确实应该追求品牌的市场定位。

BENIHANA
Benihana, Inc. 8685 NW 53rd Ter, Miami, FL 33166
8685 NW 53rd Ter Miami, FL 33166
P 305.593.0770
F 305.593.0790
W benihana.com

BENIHANA

包装设计与市场定位是一个辩证统一的关系，包装设计要与商品本身的特点相结合，包装设计依附于市场定位，而市场定位又靠包装设计来体现，所以，包装设计要追逐市场的定位。

品牌包装设计应该从标志、字体、图案、色彩、造型、材料等构成要素入手，突出商品特点，但又要根据包装设计原则，考虑商品特性，例如：保护商品、美化宣传、便于运输、人性化使用等，将各项设计元素协调搭配，以取得成功的包装设计。

5 pion包装设计

5 pion成为包装设计的主体，凸显品牌理念。

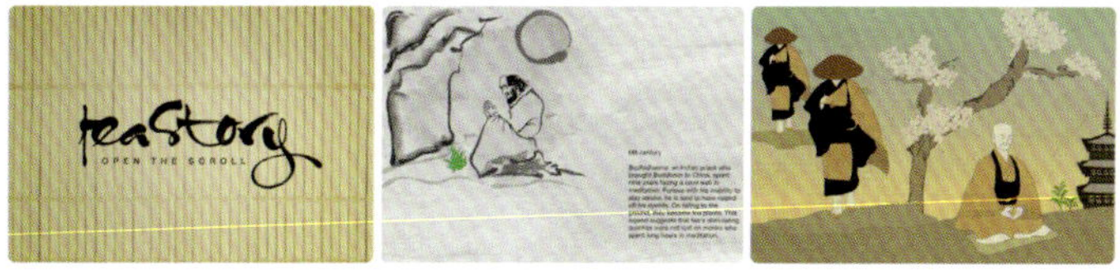

OSULLOC Tea 包装及形象设计

整体形象高雅脱俗，清新淡爽，非常符合韩国茶叶的包装理念。

Maities巧克力

包装精巧、别致，体现手工制作特点，形象定位准确。

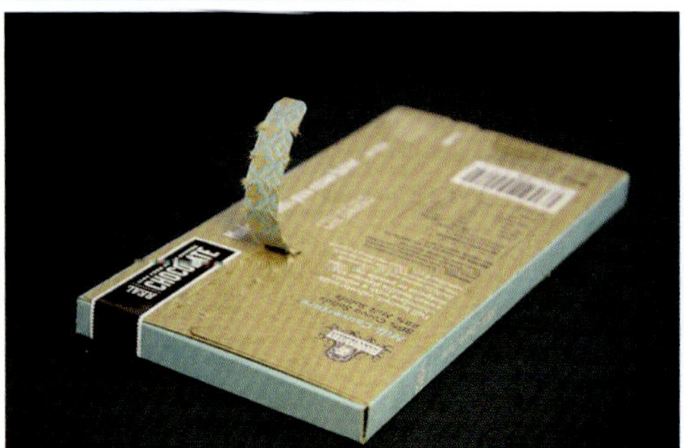

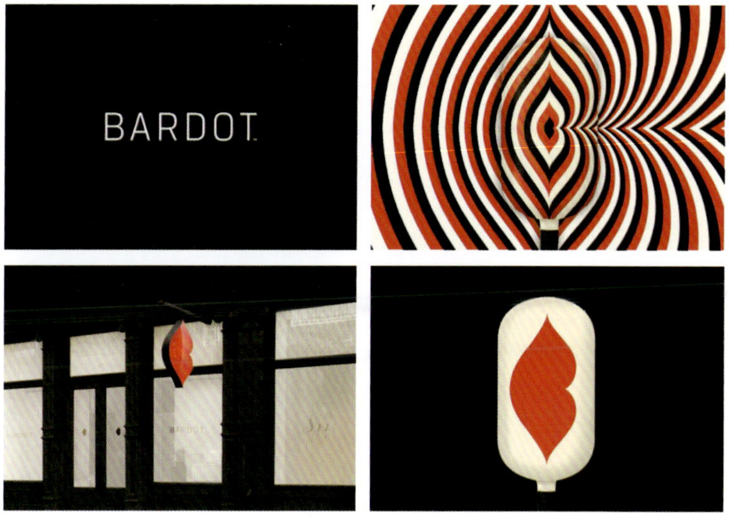

Bardot包装设计

Bardot来自墨西哥的品牌，一家梦想着与全世界分享他们美妙的冰激凌技术，它首次惊艳地出现在我们面前，力求创建一份无与伦比的美味，就像他们的包装设计一样，充满个性和想吃的欲望。

三、包装系列化形象的展现

卖场的展示与陈列

在商业卖场中，展示陈列在营销过程中的作用越来越大。根据相关调查显示：卖场商品陈列的成败不仅直接影响到销售业绩，还对家居销售环境的营造、对促进商品信任度、增进与顾客的联系、维护和树立良好的企业品牌形象具有非常重要的意义。

包装设计通常是以系列化的形象展现，如不同容量、规格、口味等系列化的展示，而在货架的陈列又是商品销售的终端，营造最佳的整体展示气氛也是包装设计中不可或缺的因素。

马卡龙包装设计

走进这样的店内，五颜六色的甜点在人眼前跳跃，一股甜蜜涌进心头。

THEUREL & THOMAS
Maison du Macaron

THEUREL & THOMAS

垂直陈列

集中陈列

端架展示

特别的陈列方式必定会引起消费者的兴趣，加之别出心裁的包装设计，一定会为品牌增加印象分的。目前，卖场上常见的陈列方式主要有以下几种：

垂直陈列。“上轻下重”，尽量保持一个或较少规格的商品展示。避免多规格展示失去单位面积整体视觉冲击力。

集中陈列。视觉冲击力强。

端架展示。多以单一规格商品展示为主，避免多种商品出现，令消费者眼花缭乱。

中部水平陈列。目光向下大约45° 为中部最佳陈列位置，便于消费者拿到商品。

饱满陈列。商品保持货架摆放饱满，可避免同类竞争商品在本品货缺的时候占领陈列位置。 形成同一品牌产品战壕。

展示架陈列。充分运用照明、背景、道具等造型手段和工具，灵活突出商品形象，有力宣传公司活动主题，提升商品的高端形象地位。在出售商品的同时，传递品牌理念。

——引自《超市陈列在市场竞争中的作用》

中部水平陈列

饱满陈列

展示架陈列

soy mamelle牛奶包装设计

由俄罗斯品牌设计 KIAN 工作室设计的作品，soy mamelle 牛奶是高营养产品，包含优质的纤维以及钙质，无胆固醇，它甚至可以通过降低人们的胆固醇来改善人们的体质。包装瓶身设计成牛乳房的形态，和内容直接相关。图案采用的是绿色，创造了一种健康而又自然的形象。

咖啡店形象包装设计

以简洁为主，店内装饰以文字为主要设计元素，不仅介绍自己的品牌，而且整体设计风格简洁。

精装与简装

所谓精装便是精心设计，用心包装。所谓简装便是简洁设计，实惠包装。无论精装还是简装，它所起到的作用依旧是包装最原始的功能：保护商品、方便堆码和运输、展示商品功能、吸引顾客、作为商品容器。

例如：一款精装咖啡，包装盒高档，同时配套咖啡具，高档奢华，是一款非常周到的包装设计。而一款简装咖啡，以纸袋作为包装材料，采用插画手法装饰，成本低廉，节约资源，便于消费者日常使用。

精装在材料使用上要比简装价格高，设计烦琐程度大，工艺难度高，所以同类别商品的精装要比简装价格高。CUL咖啡精装，采用镂空手法，其工艺烦琐，风格大气沉稳。

精装适用于一些高档礼品，而简装更适用于消费者日常生活，简单便利，符合人机工程学。在市场及品牌形象的影响下，精装与简装都是一并设计和上架销售的，这种多层次、系列性的设计也符合现代商品的营销理念。

CUL咖啡精装，采用镂空手法，其工艺烦琐，风格大气沉稳

笔记本电脑包装设计

这个设计叫作“BookBook”，合上的时候是一本皮质精装书，打开时会看到白净的MacBook，创意独特又新奇。在我们的想象中，电脑包就是笔记本电脑的衣服，而这款精装BookBook打破了我们的传统思维，原来，笔记本电脑也是分精装和简装的。

佐日漫游金砖凤梨酥精品礼盒包装

佐日漫游金砖凤梨酥的设计风格传承了日本设计以淡雅、精致的设计灵魂。

手提袋及附加配饰

手提袋是方便消费者将商品转移地点的携带品，在现代包装设计中，手提袋也融入了设计师的情感设计。手提袋设计一般选用商品名称，再配合品牌形象、辅助图形等元素作为装饰主体，因此也起到了广告宣传的作用。

手提袋一般分为四类，普通简洁实用型、画面绚丽抢眼型、材质独特型、造型另类型。

手提袋的材质多种多样，常见的有纸材质、塑料材质、布材质等。随着科学技术的发展，新技术应用于手提袋设计中，环保袋的出现提示着人类环境污染的危机，新材料手提袋的质量也较之前有了很大的改进，以前一些重物不能用手提袋，现在这些问题都已不是问题，纳米技术的融入为手提袋设计的天空注入了一股新鲜空气。

在现代商家理念中，与消费者进行情感交流是必不可少的，所以，一些商家会在出售商品的同时赠送一些配饰，例如：卡片、小样都是作为与消费者沟通的必需品。附带的配饰是指为了增加礼品袋的装饰感，所附带的小饰物，例如装配的标签卡片、绳结、礼花等。

围巾手提袋包装设计

红酒手提袋包装设计

花种手提袋包装设计

本章小结

品牌理念、产品特性、消费心理的综合反映与包装设计，它直接影响到消费者的购买欲望以及对一个品牌的认知印象。我们深信，包装决定了一个品牌形象的塑造，一个品牌的市场定位由包装来体现，包装作为实现产品价值和使用价值的手段发挥着极其重要的作用，具有商品和艺术相结合的双重性。

第七章 Chapter seven

产品实现
——创新包装设计中的因素

- 降低成本
- 海陆空运输
- 吸引眼球
- 产品矩阵——摆放智慧
- 变形记——多层次的演绎
- 包装的再利用

在产品实现的实际情况里，要想在众多同类产品中脱颖而出，包装设计的分量举足轻重。近些年来，包装加工的成本逐年增高，超豪华的“过度包装”频现市场，这些意味着“面子”的礼品包装，带来的最大问题就是包装废弃物对环境所造成的污染。2010年4月1日，由国家质检总局与国家标准委批准发布了国家强制性标准《限制商品过度包装要求——食品和化妆品》。因此，设计合理、节能环保的适度包装才是包装设计的发展趋势。

第七章：产品实现——创新包装设计中的因素

关键词 降低成本 运输 吸引眼球 摆放智慧 多层次演绎 再利用

一、降低成本

目前，浪费资源、污染环境成为导致过度消费的主要因素。众所周知，近些年月饼的包装，就是过度包装的实例。一盒高档月饼能卖到几万块，包装采用丝绸、纯金打造，营造出奢华的气氛，而真正月饼的成本微乎其微，似乎月饼已经不再是消费者的盘中之餐，而包装却是消费者的主要购买目的。赚眼球不一定要过度包装，奢华并不一定取胜，通过巧妙的外形设计为产品赋予独一无二的个性，又能节约成本才是现代包装设计的主导，以最小的成本取得最大的价值，何乐而不为呢?

像月饼这样过分包装已经与民族的传统佳节背道而驰。包装那七大功能成为空中楼阁，保护商品、美化商品、节约成本、便于储运、利于计量、引导消费、提高附加值虚无缥缈，包装不再是为产品服务，而是凌驾于产品之上了。

在当今全球经济低迷的形势下，企业要想取得最大的效益，降低包装成本是不容忽视的重要追求。成本低廉是商家战胜其他对手的重要手段。在保证产品质量、包装效果的大前提下，发展包装新机械化，采用新技术，合理选择包装材料，注重利用新材料，对包装物的回收和对旧包装的再利用都是降低包装成本的可行手段。

DIY 鸡蛋包装设计

每个鸡蛋做出不同图案的设计，足够吸引眼球，甚至节约了包装盒的成本。

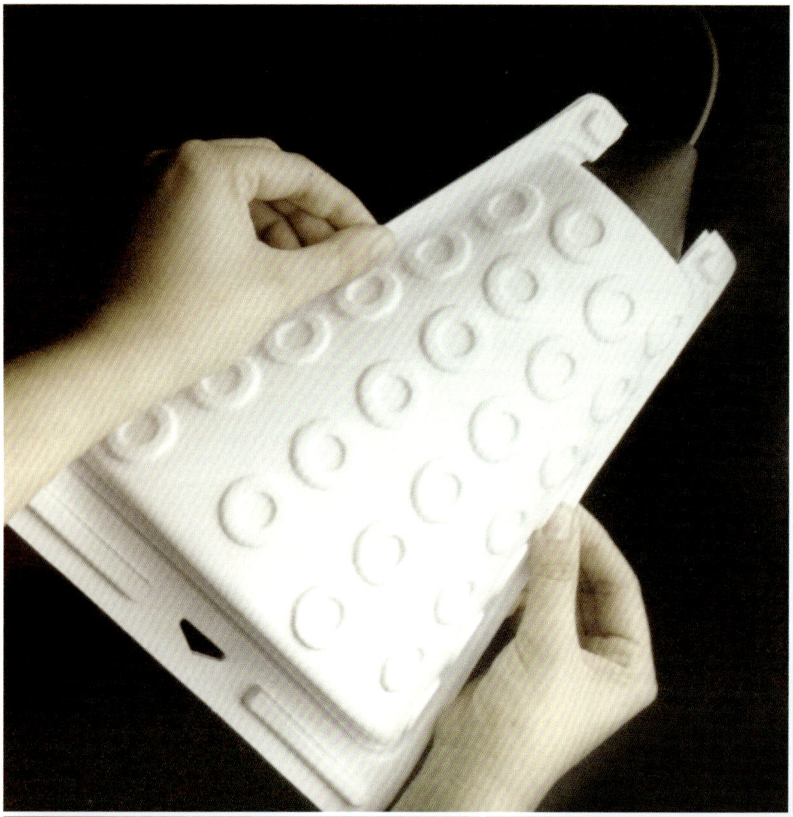

Blightster包装设计

Blightster采用新型热固性材料，这家伙外包装其实是个灯罩，当灯泡和灯罩组合起来时，是一款漂亮的节能灯，成本的低廉与造型的美观，是Blightster赢得市场销售桂冠的法宝。

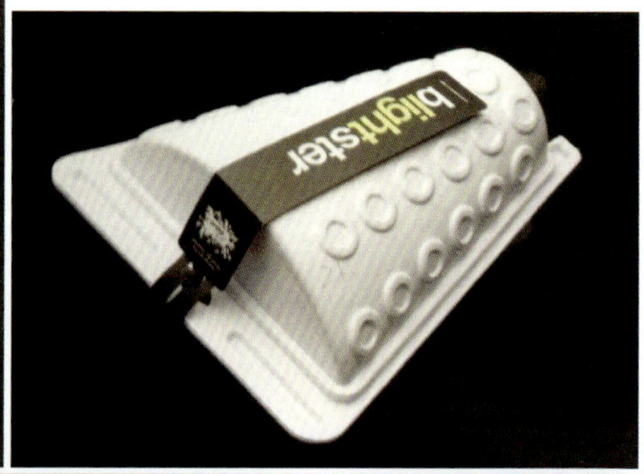

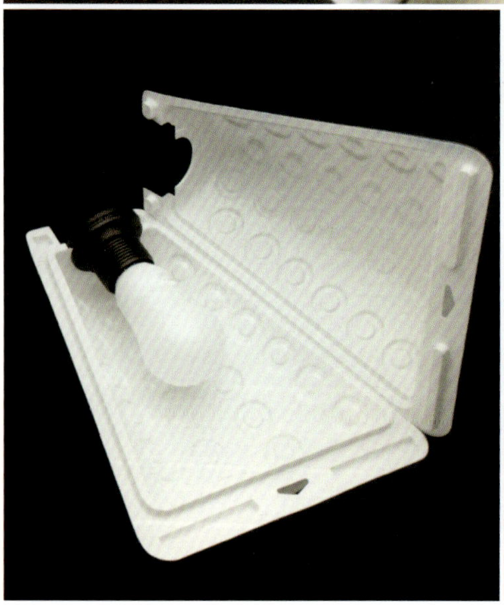

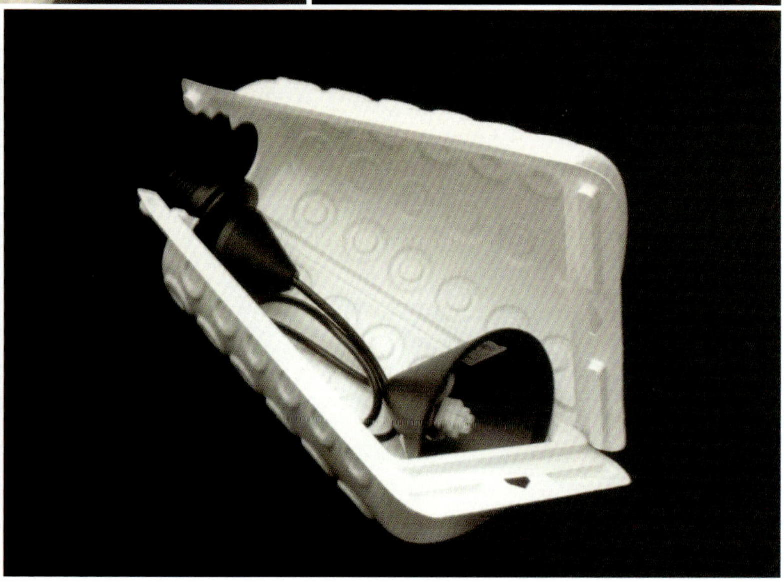

日本是一个节约资源、环保意识非常强的民族，日本的很多包装设计采用纯天然材料，这样不仅降低了包装的成本，而且环保、绿色健康、对人无害甚至是有益。采用最自然、最简约的包装设计，便于消费者看到商品的真实面目，在使用过程中非常便利，这会令消费者感觉物有所值。

随着科学技术的发展，降低成本也不再是难题，可再生纸、纳米技术已成为包装行业的新生力量，一些稀有的资源和高档材料可由新兴材料替换。

总之，我们要运用法律手段、经济手段、行政手段，结合新型材料，加大科学技术的应用面，从各个方面来抑制和消除过度包装的现象，从而达到保护环境、合理利用资源的效果，将包装回归到最本质的一面。

西拉雅丰收系列包装

西拉雅丰收系列包装设计，是采用可回收纸再利用而成的，这是一款有着新技术、新材料的新型包装设计，新技术的应用，令商家极大可能地节约成本，美观独特的外形征服了消费者，简约的设计凸显了这款商品的淳朴与真实。

二、海陆空运输

现代化的交通运输方式主要有铁路运输、公路运输、水路运输、航空运输。这四种运输方式适用于不同产品的运输，它们在经济上、技术上各有优缺点，选择时需要根据产品特性来选择。

陆路运输是最为发达的运输手段，分为铁路运输和公路运输。公路运输适用于国内产品运输，例如：食品、药品、科技产品、容易死亡或变质的活物、鲜货的短途运输。铁路运输适合运输大型、笨重的中远程运输，要求准时到货的远程客货运输。海路运输适用于远距离的大型产品运输，例如：机器设备、进口产品。航空运输适用于价格较高产品运输，这些产品体积小、价格昂贵、安全风险系数高。

由于运输过程中会遇到不可估量的突发事件，不良的包装极易造成对产品的损坏，所以，进行包装设计时，运输过程中的安全性是必须要考虑的方面。

运输包装具有下列多样性：

按包装方式，分为单件运输包装和集合运输包装。

按包装形不同，分为箱袋、桶和捆不同形状的包装。

按包装材料不同，分为纸制包装，金属包装，木制包装，塑料包装，麻制品包装，竹、柳、草制品包装，玻璃制品包装和陶瓷包装等。

按包装质地来分，有软性包装、半硬性包装和硬性包装，但究竟采用其中哪一种，须视商品的特性而定。

按包装程度不同分为全部包装和局部包装。

——引自《包装运输》

红酒包装设计

三、吸引眼球

每个商家所追求的理想化的包装设计无疑是最能吸引消费者眼球的包装，在众多竞争对手中脱颖而出的包装。如何做到吸引眼球呢，根据《包装设计心理》提出：消费者在购买过程中，一般会产生求便、求实、求新、求信、求美、求趣、求异等心理，只有把握消费者心理，才能够在激烈的竞争中稳操胜券。

色彩在包装设计中占有特别重要的地位，这是因为不同的色彩能引起人们不同的视觉反应，从而引起不同的心理活动。强烈的色彩能吸引消费者的眼球并形成深刻的印象，从而刺激消费者的购买欲望。所以强烈的视觉冲击力是由色彩制造的，它在包装设计中起到了极其重要作用。

丰富的图形会说话，明确商品类型，说明商品信息，可增加商品的说服力，从而引起消费者的兴趣。

日本快餐包装设计

innocenf 饮料包装设计

戴帽子的玻璃瓶是那么的可爱，每一款帽子的设计都是那么的独特，造型生动，色彩明快，图案有趣，就像是冬天来临了，要把我们的孩子武装严实，出去尽情地享受雪花的翩翩起舞。如此夸张独特的造型，怎么能不吸引顾客的眼球呢，而顾客又怎么能舍得离它而去？

可口可乐限量版包装设计

可口可乐的独特造型，将原有的瓶形穿上晚礼服，盛装出席，如果一美女拿着这样一款独特的可口可乐，回头率不仅仅只是局限在美女一人，还有她手上那位盛装出席的“可乐小姐”。另一款可乐同样让我们眼前一亮，蓝色的瓶身像是晴朗的天空，并与周围的白云相互依偎，犹如漫步云端。还有粉红色的蝴蝶结，可爱的小女人让我们爱意涟涟。

YSL依夫圣罗兰Elle香水的限量版香水瓶包装设计

选用晶莹透明的玻璃材质作为瓶形，在瓶子上有三块喷溅了颜料质感的色块，大面积的蓝色与两块小面积的紫色、橙色好似随意泼洒而成，疏密大小控制得很到位，颜色冷暖呼应，整体节奏韵律舒缓，即使瓶内的香水用完了也舍不得扔掉瓶子，是一款非常成功的依靠小面积色彩取胜的包装设计。

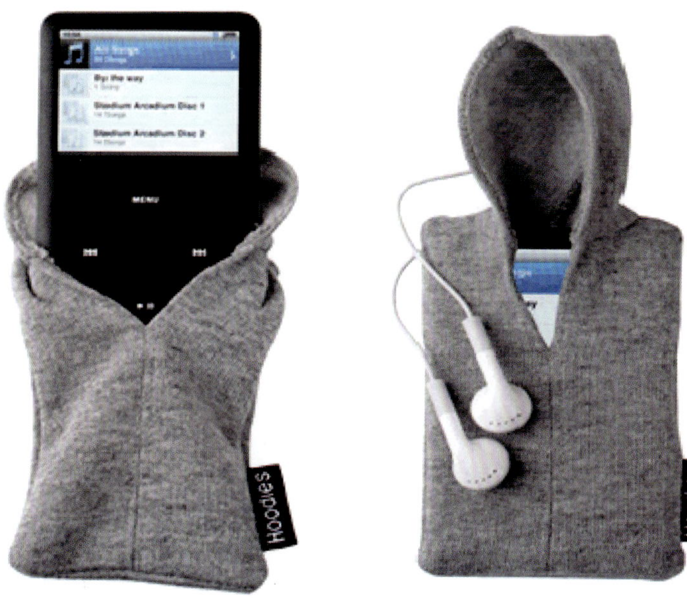

电子产品包装设计

这个叫作iPod Hoodies 的外套看上去很有讲究。大的是给iPod Classic、iPod Touch and iPhone 穿的，小的是为苹果的其他产品准备的。当然你也可以把它穿在自己的手机或其他东西上，只要大小适合。

脊柱概念伏特加包装设计

脊柱是人体最重要的关节，将脊柱概念融入伏特加酒包装，显示出独特的个性和酒性的刚烈。

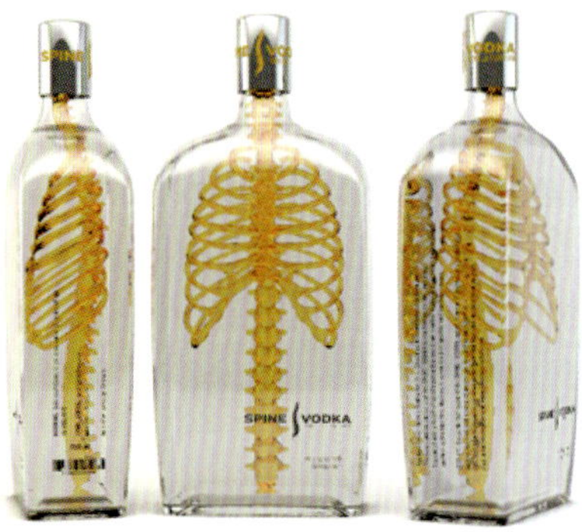

文具包装设计

冰岛设计师Sruli Recht独特的包装设计，将环保理念和商品个性相结合，视觉冲击力极强。

红酒包装设计

这款红酒的包装设计有着独特的趣味性，将瓶贴作为一个场景，由三个小矮人来讲述着他们之间的友谊，他们三个不仅仅局限在瓶贴上，真实的模型也一同演绎着别样的故事。

四、产品矩阵——摆放智慧

产品矩阵其实就是我们所说的陈列，英文名display，陈列是集广告性、艺术性、思想性、真实性相结合的一种综合艺术，是能够令消费者直接感受的时尚艺术。

产品矩阵要从两方面来解释，一是店内陈列，二是包装内部摆放。

店内的产品陈列可以有效地利用周围环境，提高空间利用率，同时可以美化周围环境、减少劳动力支出、便于顾客直接选购商品。商品包装则成为陈列的重要因素，陈列师会直接利用商品的包装作为展示的手段。尽管吸引消费者最重要的因素是商品，但出色的产品矩阵也为以后的购买打下良好基础，成功的产品陈列和店内形象设计不仅吸引消费者的目光同时还能刺激购买欲望。

包装陈列的货架环境也在包装设计的研究范围内，如何令产品在琳琅满目的大环境中脱颖而出，是包装设计要整体考虑的问题。也可以说包装陈列设计是消费者的视觉体验设计，在整体陈列环境中与消费者对话交流，从而引导消费者思维过程，提醒消费者注意，引诱消费者拿起，鼓动消费者行动的一系列行为的设计。

实现产品摆放智慧时要考虑以下四点：合理利用商业空间；协调卖场色彩搭配；控制卖场内灯光照明；产品分类搭配展示。产品矩阵常应用于专卖店产品展示、新品上市、商品促销展示等。

Lesina红酒包装设计

一颗植物融入其中，让你的心灵弥漫着小清新，贴心地为消费者准备了小食品，将感情融入其中，让消费者对这一品牌有着深刻认识并爱上它。

匡威包装设计

由木盒作为外包装，并配有内部区域隔间，将鞋子、衣服、鞋油有序地摆放在里面，组成了一套精致礼盒。

FUEGO包装设计

在每个瓶盖上以数字表明，整齐排列，以木质框架作为主体包装，节省空间，成本低廉，既有利于卖场展示，便于消费者了解商品信息，又有利于家庭使用，是一款非常便利的包装设计。

COMMOIU香水包装设计

由设计师Pepe Gimeno &Julio Alonso设计，深受大家喜爱的RNB终于推出特别版COMMOIU香水，设计师的设计灵感结合微型理念，将男性香水与女性香水一同包装成礼盒，不同的味道采用颜色来区分，盒子内共有九个“座位”，每一款香水各就各位，秩序井然。

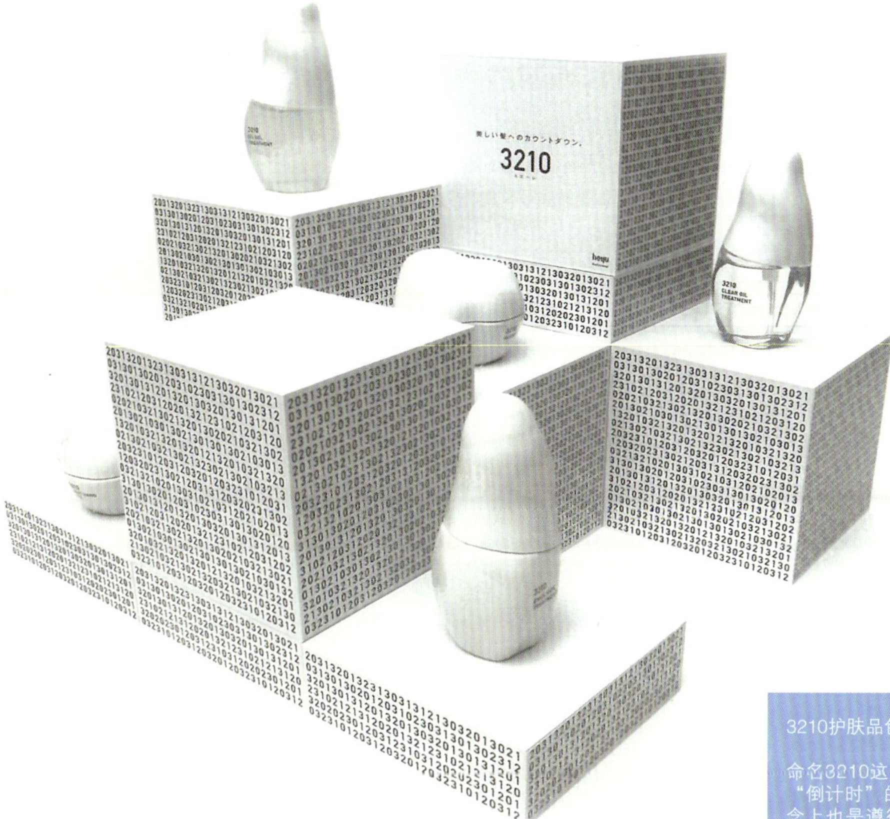

3210护肤品包装设计

命名3210这个名字的理念，是执行“倒计时”的品牌名称，3210在概念上也是遵循使用最后的号码发出倒计时的美，产品造型美观，白色作为主体颜色，其展示台利用商品名称作为图案出现，有序排列，与透明干净的瓶形形成对比。

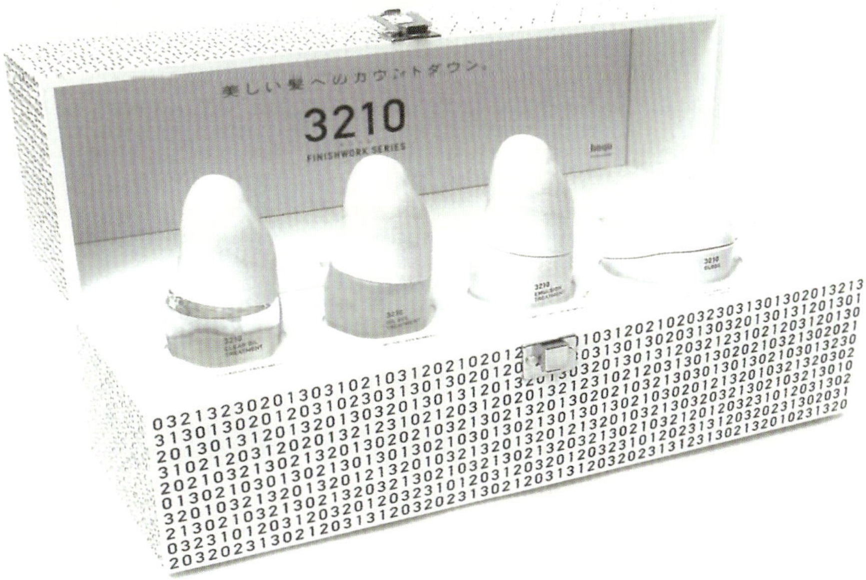

五、变形记——多层次的演绎

所谓变形记——多层次的演绎，是将简单的包装赋予更多的功能，设计出符合商品定位，趣味化、人性化的多层次包装设计。

当下一些包装设计受后现代主义设计思潮的影响，强调设计形式多样，内容广泛，追求一种风趣、幽默之感。而这种风趣幽默之感恰恰引起了消费者的兴趣，从而达到共鸣。

这些作品丰富了设计层面，将简单的包装设计引用建筑设计的思维方式，让一个单纯的包装盒做到两层、三层，甚至更多层的精彩演绎。由英国设计师设计的多层美食包装就体现了以上观点，每一层都有不同的美味。多层次的包装设计推动了设计的发展，使包装设计引领时代前沿文化突破设计的新思潮。

包装多层次演绎可以引起消费者的趣味，充分利用商品包装的空间，既节省包装资源，又丰富商品包装的多样性。它的具体特征通常表现在使用过程中变换包装造型的形态或者组合方式，配合一定的图形图案，使包装与消费者进行互动，达到一种情感交流。

随着人类物质生活的日益提高，消费者对产品使用价值的关注度逐渐减弱，情感价值逐渐升高，进而人性化的包装设计成为现代包装设计的发展趋势。多层次包装就是人性化包装的完美体现，便于消费者使用是设计多层次的前提，多层次包装设计在生理上符合人机工程学，并且在心理上做到引起消费者的趣味性，进而完美地展示商品包装的多层次演绎。

简简单单四方盒子早已没有新意了，因此，多层次化、人性化是包装设计的流行趋势。

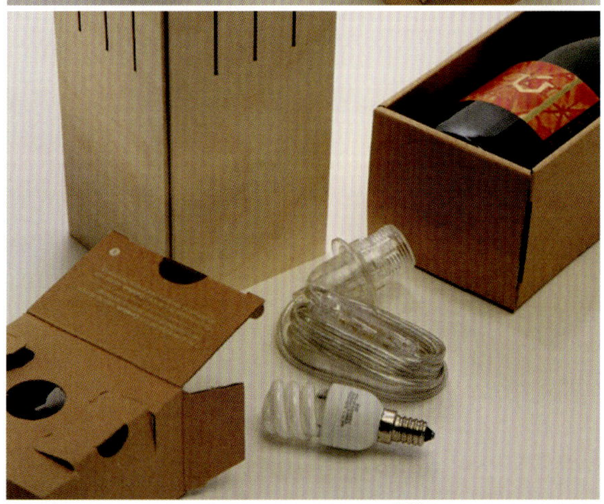

红酒包装设计

外部是木盒包装，确保红酒安全，内部是纸包装，便于做出各种适合红酒、开瓶器安放的造型。

红酒包装设计

多层次演绎的红酒包装，像是在搭积木，一会儿是酒盒，一会儿是酒架，它既承担了运送红酒的任务，又肩负着展示红酒的责任，可谓多功能型“人才”。不同瓶数的红酒包装，制造出不同类型的酒架，就看消费者的需要了，在家里摆上这样一款酒架，红酒与酒杯随手而得，想必一定会乐在其中。

红酒包装设计

很有趣的酒瓶子创意包装，来自于Absolut，Absolut出品伏特加和葡萄酒，这是他们一款闪闪发光的包装设计，在撕掉包装纸时，里面的瓶子同样给人很多惊喜。

bzzz蜂蜜包装设计

ckbone Studio工作室带来的创意包装设计“最美味的蜂蜜的蜂巢”，设计师采用原木做蜂蜜的外包装，原汁原味的包装设计带来干净绿色的纯正食品。

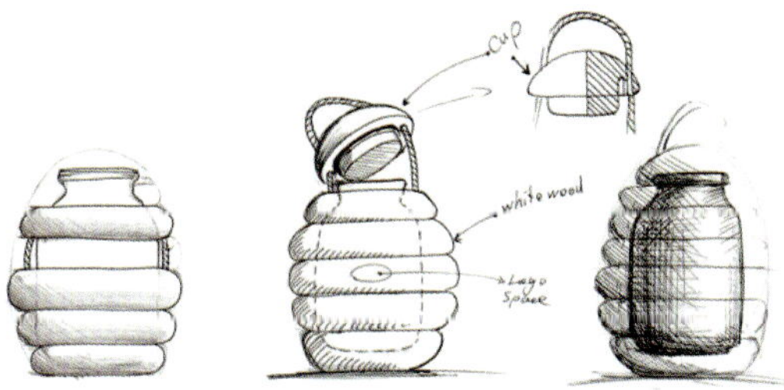

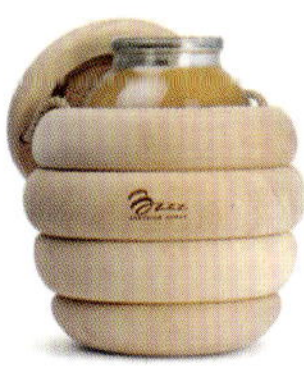

甜品包装设计

一款“美味”与“美貌”兼具的蛋糕呈现在消费者面前，简单的四方包装盒可能令蛋糕的色彩有些神秘，但是玄机并不在于此，像是给你惊喜一般的开启方式似乎更加美妙，盒内层层美味在向你招手，真有一种流着口水却不知先对哪块下手的无奈。

爆米花包装设计

打开像是花一样，层层叠叠还能站立在桌子上，很人性化。

葡萄酒包装设计

结构造型的可变性，催生了包装的多种使用方式。

野餐盒包装设计

这款设计可以说设计师设身处地地了解外卖行业，每一个三角形纸盒都是可以活动的，其目的是为固定每款杯状食物并充当容器，外面有布兜包裹，如果出去野餐，只要有它就可以进行完美的户外游乐了。

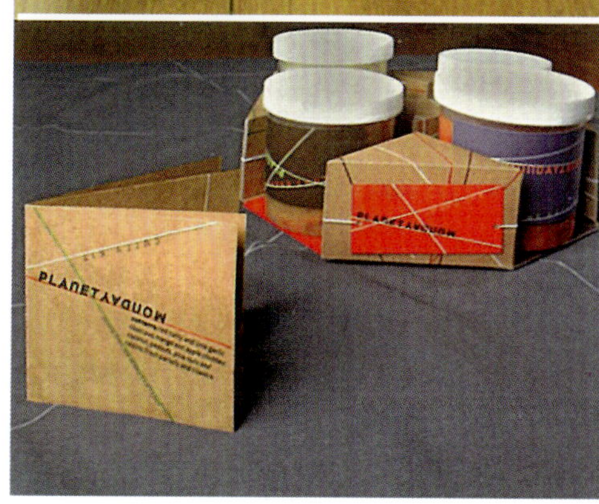

CD包装设计

外包装盒模仿了锣鼓形象，乐感十足，内盒多层次的CD盛放，节约了成本与空间。

耐克包装设计

形态好似中国传统的八宝盒，大红色赋予了其典型的中国味道，不仅仅是运动鞋包装盒，日后还可以成为多用储物盒。

茶叶包装设计

茶包仿原生态叶片形态，体现其醇厚的味道，每一包茶叶都是独立包装，便于消费者方便快捷地饮用。

茶叶包装设计

可爱的造型，鲜亮的颜色，看起来并不像茶叶包装，反而像是孩子们的食品，但就是这样不可思议的包装才能吸引消费者的眼球，让茶的包装更多元化。

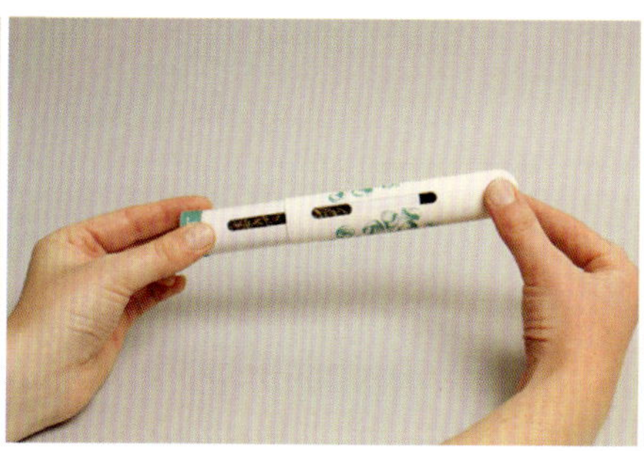

Cinc Sentits餐厅甜点包装

Cinc Sentits是巴塞罗那餐厅，是全球20家顶级餐厅之一，甜点包装精致、巧妙。

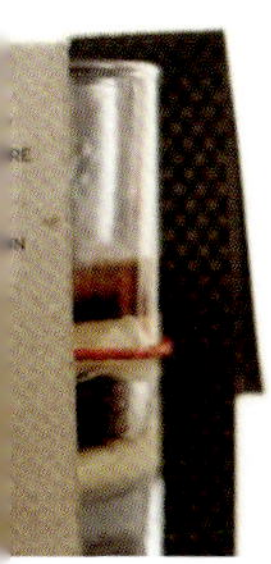

T恤包装设计

T恤采用纸包装，节约成本，经济环保，圆柱体上印有夸张的插画人物作为装饰，有趣可爱，在嘴部装上拉链，趣味无限。

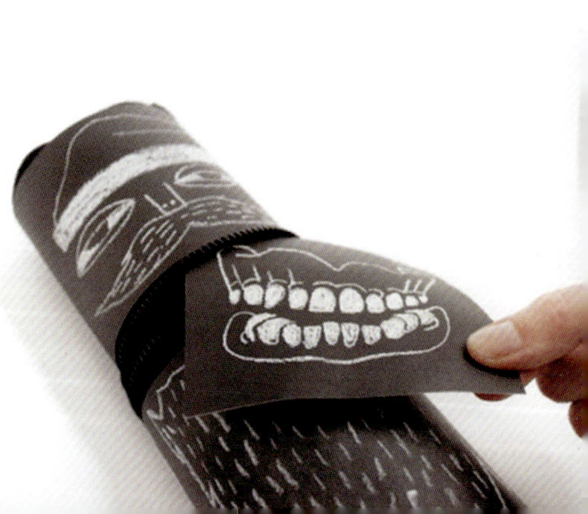

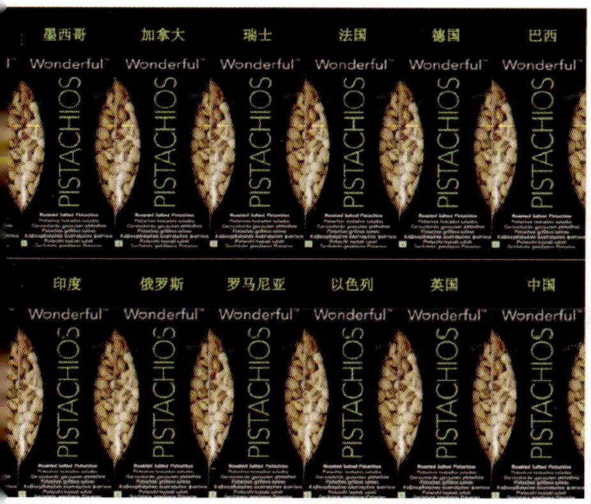

CALIFORNIA PISTACHIOS®

The Snack Food That's Not A Junk Food.

坚果包装设计

这款坚果包装抽象地模仿了开心果的造型和开口形态，造型独特、生动，包装里面封装了一个托盘，在打开包装的时候就能直接地享受美食，是很人性化的设计。

六、包装的再利用

保护环境、节约资源已经成为当今国际普遍关注的大课题，因而，包装的再利用也成为了全球讨论的话题之一，世界包装行业的绿色原则就是要达到“减量化、重复使用、再生使用和可降解”。包装的再利用可以分为两方面来讨论：材料再回收、包装盒再利用。

材料再回收

可回收包装材料是现代包装设计的重要组成部分，可回收材料种类日益增多，例如可回收纸、可回收塑料、可回收玻璃、可回收金属等。

近年，由于环境污染，资源浪费严重，人们的环保意识提高，发达国家提倡“绿色资源包装”，并且已经成为一个非常完善的体系，他们着眼于包装的材料的再生资源化、易处理、减轻污染等。关注包装结构、色彩和造型，主动研发新型的绿色包装材料。

尽管生态保护的观念大力弘扬，可回收材料已成为“绿色资源包装”的主体，它需要设计师、厂家及全社会的共同努力，在通往成功的路途上，可以说是任重而道远。

可回收玻璃包装设计

由英国设计师Giles Miller为那些热衷环保的电脑爱好者们设计的这款电脑包完全由回收的硬纸板做成。

可回收塑料包装设计

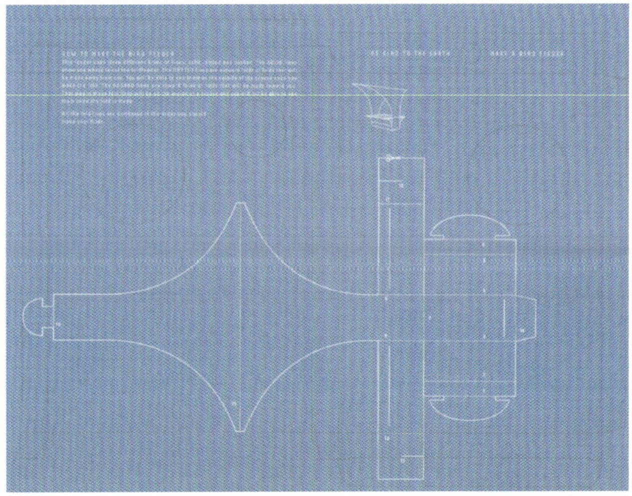

日用品包装设计

日用商品包装设计采用漂亮的包装纸，并且在反面很细心地画有制作日用品包装盒的图纸，消费者可以根据图纸制作需要的东西，使包装得到再利用。

Die-strike

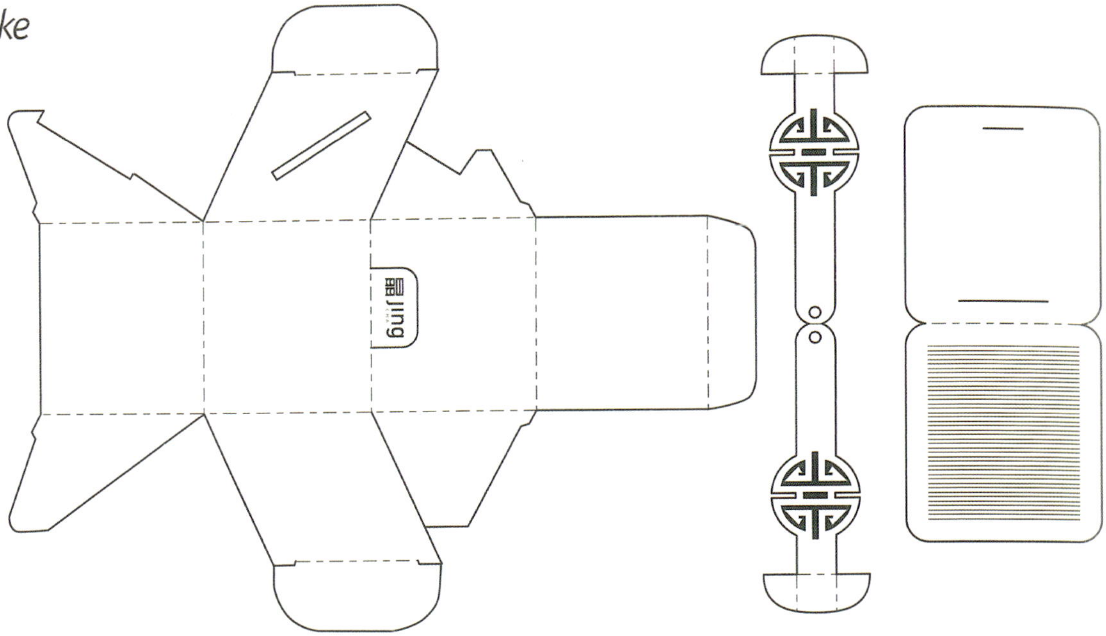

包装盒的再利用

现在一些包装盒制作精美，很多人都舍不得扔掉，留下来作为储物盒，合理利用资源。还有一些包装的设计独具创意，盒体本身又附加了另外的功能，使用起来更便捷或者充满了DIY的趣味（DIY是英文Do It Yourself的缩写，又译为自己动手做），体现了其多功能性。

现代包装除了具有包装的传统功能之外，它又有了一个新功能——可以对包装进行手工创造，制作出装饰品。

市场上出现很多将包装盒作为灯罩的包装设计，美观大方，物美价廉，非常符合现代的环保理念、绿色包装理念。再利用设计是减少资源浪费和保护环境的一种创新设计，同样也是绿色包装设计的重要组成部分。在设计中，一件产品的环境成本大约有80%取决于设计。再利用设计是充分利用包装的材料和造型结构进行创新设计，它将废弃物降到最低，保护环境，避免资源浪费，同时消费者在制作过程中感到快乐，提高消费者的环保意识，对生态保护存在现实意义。

茶叶包装设计

这是一款茶叶包装设计，铁罩用来装茶，利于冲泡。外包装盒经过折合，可以制作成屋内装饰，标签上的图案有吉祥、长寿之意，寓意美好，消费者可以根据自己的设计灵感来创造各式各样的装饰品，缕缕清香弥漫整个屋子。

本章小结

在包装实现的过程中会遇到多种多样的问题，包装设计是以商品保护、使用、促销为目的，保护、使用、促销是商品包装的基本责任，同时融入科学、社会、艺术、心理的要素，创造出有情感价值的现代包装。

参考书目

- Around Europe Packaging
- Designing Sustainable Packaging
- Best of Packaging in Japan
- 《包装图形设计》——刘春雷 汪兰川
- 《包装材料与结构设计》——刘春雷
- 《包装品牌塑造与促销设计》——周越
- 《包装文字与编排设计》——刘春雷
- 《图示与图标设计》——拉扬·阿卜杜拉 罗格·许贝纳 编著 赵璐 翻译

图片来源

- Around Europe Packaging
- Data Visualization
- http://www.arting365.com.
- http://www.zhanku.com
- http://www.shijuezhingguo.com
- http://www.shijuezhongguo.com
- http://toko.nu/index.html
- http://www.tuyansuo.com/
- http://www.cndesign.com/
- http://www.design521.com/
- http://www.arting365.com/

图书在版编目（CIP）数据

Package创新维度：可持续设计的路径与方法 / 赵璐主编；张健，霍奖编著.
-- 北京：人民美术出版社，2015.1
ISBN 978-7-102-06724-7
Ⅰ. ①P… Ⅱ. ①赵… ②张… ③霍… Ⅲ. ①包装设计 Ⅳ. ①TB482

中国版本图书馆CIP数据核字(2014)第042591号

Package创新维度——可持续设计的路径与方法

出　版：人民美術出版社
地　址：北京北总布胡同32号　100735
网　址：www.renmei.com.cn
电　话：经典美术编辑部：(010)56692083
发行部：(010)56692185　(010)56692193

编　著：赵璐 张健 霍奖
责任编辑：吉祥
版式设计：赵璐 吉祥 霍奖
封面设计：赵璐 吉祥 黄林
责任校对：马晓婷
责任印制：文燕军
制版印刷：影天印业有限公司
经　销：新华书店总店北京发行所
2015年2月第1版 第1次印刷
开　本：787mm×1092mm 1/16 印 张：20
印　数：0001－3000册
ISBN 978-7-102-06724-7
定　价：79.00元